17 钢标疑难解析

王立军　编著

中国建筑工业出版社

图书在版编目（CIP）数据

17钢标疑难解析 / 王立军编著. —北京：中国建筑工业出版社，2020.5

ISBN 978-7-112-24965-7

Ⅰ. ①1… Ⅱ. ①王… Ⅲ. ①建筑结构-钢结构-结构设计-设计规范-中国 Ⅳ. ①TU391.04-65

中国版本图书馆CIP数据核字（2020）第042033号

责任编辑：赵梦梅
责任校对：王 瑞

17钢标疑难解析

王立军 编著

*

中国建筑工业出版社出版、发行（北京海淀三里河路9号）
各地新华书店、建筑书店经销
北京鸿文瀚海文化传媒有限公司制版
北京中科印刷有限公司印刷

*

开本：850×1168毫米 1/32 印张：5⅜ 字数：139千字
2020年6月第一版 2020年7月第二次印刷
定价：**29.00**元

ISBN 978-7-112-24965-7
（35724）

序

《钢结构设计标准》GB 50017—2017（简称《17 钢标》）自 2008 年立项对 2003 版钢结构设计规范（简称《03 钢规》）进行修订至 2017 年发布，历经近 10 年时间，是业界同仁集体智慧的结晶。在此特别感谢刘锡良、蔡益燕、张耀春等顾问组专家，周绪红等审查组专家和陈绍蕃、沈祖炎、余海群、童根树、陈炯等编制组专家及所有参与本标准相关工作的专家的指导、把关和付出，感谢业内同仁对本标准的关心、支持和帮助。

本书的成稿也要特别感谢中国建筑工业出版社和赵梦梅女士的鼎力支持。作为国家标准的解读材料，编制类似题材的书籍应在情理之中。但由于种种原因，此项工作一直搁置。本书的出版可看作弥补这一不足，也是本人作为本标准主编代表大家完成了这项工作。

王立军

2020.02.20

前言

《17 钢标》对《03 钢规》做了全面修订，并增加了直接分析法和钢结构抗震性能化设计两项内容。

《17 钢标》发布前后，本人进行了多次宣贯，也写了一些东西发表在各种媒体上。同这些内容一样，编撰本书也是本人持续学习、总结的结果，可看作是对《17 钢标》及其条文说明的延伸解读。本书以《17 钢标》条文为导向成文，每一个条目对应《17 钢标》的一个条文，如这个条目：1.0.2、1.0.3 适用范围，前面的“1.0.2、1.0.3”为《17 钢标》对应的条文编号，后面的“适用范围”为本条目所要讲解的主要内容。每一条目的内容即包含对条文本身的讲解但又不局限于此。大家会发现，有的条目内容很短，但它恰似涓涓细流，在品味中流长；有的条目内容很长，那就是溪流汇成了江河湖海，翻腾出难点的五味杂陈。本书的目的旨在通过不断学习、探讨、批评与争论，厘清钢结构设计中的难点，使大家的水平包括我在内得以共同提高。

为方便解读，对文中多次引用的规范及参考文献做了简称约定，见另页。

由于本书的目的所在及本人的水平所限，不足乃至错误在所难免，而这些也是大家应共同努力应对之处。最后，祝大家疫情之际，身心健康，工作愉快！

王立军

2020.02.20

本书多次引用规范及参考文献简称

序号	规　范	简称
1	《钢结构设计标准》GB 50017—2017	《17 钢标》
2	《钢结构设计规范》GB 50017—2003	《03 钢规》
3	《钢结构设计规范》GBJ 17—1988	《88 钢规》
4	《建筑抗震设计规范》GB 50011—2010(2016 年版)	《抗规》
5	《冷弯薄壁型钢结构技术规范》GB 50018—2002	《薄钢规》
6	《建筑结构荷载规范》GB 50009—2012	《荷规》
7	《高层建筑混凝土结构设计规程》JGJ 3—2010	《高规》
8	《高层民用建筑钢结构技术规程》JGJ 99—2015	《高钢规》
9	《建筑工程抗震设防分类标准》GB 50223—2008	《分类标准》
10	《建筑结构可靠性设计统一标准》GB 50068—2018	《建标》
11	《工程结构可靠性设计统一标准》GB 50153—2008	《工标》
12	《钢结构稳定设计指南》,陈绍蕃著,中国建筑工业出版社,2013 年 7 月三版四次印刷	《设计指南》
13	Seismic Provisions for Structural Steel Buildings AISC 341-16	《美钢抗规》
14	Specification for Structural Steel Buildings AISC 360-16	《美钢规》
15	Minimum Design Loads and Associated Criteria for Buildings and Other Structures ASCE/SEI 7-16	《美荷规》
16	Guide to Stability Design Criteria for Metal Structures,Ronald D. Ziemian,6th edition,2010	《金属结构稳定》

目录

1.0.1 大政方针

《17 钢标》对《03 钢规》做了全面修订，增加了直接分析法和钢结构抗震性能化设计两项内容。

直接分析法与稳定设计发展的趋势相符合，已被国际上主流钢结构稳定设计方法所采用。钢结构抗震性能化设计采用设防烈度下基于性能系数的抗震设计方法，与国际上主流抗震设计方法一致。

这两项内容的引入使钢结构设计标准与国际主流设计标准接轨，使钢结构设计更安全、更经济，体现了本标准的先进性、经济性和安全性，有利于保证设计质量，并为我国钢结构设计的进一步发展奠定了一个新的基础。

1.0.2、1.0.3 适用范围

本标准适用于工业与民用建筑及一般构筑物的钢结构设计。这里的建筑通常是指以梁、柱、支撑、楼盖组成的民用建筑以及具有上述结构体系的厂房、工业构架等工业建、构筑物，不包括壳体、悬索结构等特殊类建筑。

冷成型钢结构的设计参见《冷弯薄壁型钢结构技术规范》GB 50018—2002。

抗震设计要同时参见《建筑抗震设计规范》GB 50011—2010（2016版）。

核电站设计要同时参见相关规范。

3.1.4、17.1.2 结构安全等级和抗震设防类别

《17钢标》第3.1.4条规定，钢结构的安全等级按《建标》和《工标》采用。《建标》是针对建筑结构的；《工标》是针对工程结构的，对建筑结构起指导作用。《建标》第3.2.2条规定，安全等级二级为破坏后果严重的一般建筑物，一级为破坏后果很严重的重要建筑物。《工标》在第3.2.1条的相关内容表述与《建标》上述的表述是一致的。但《工标》在A.1.1给出的结构安全等级示例里，将二级描述为普通住宅和办公楼，一级为大型公共建筑，这就扩大了一级建筑物的范围，因为这个表述使公共建筑中的高档办公楼、体育场馆等都可能落入一级建筑物。

《17钢标》第17.1.2条规定，钢结构的抗震设防类别按《分类标准》采用。

《工标》在表A.1.1注中指出乙类建筑安全等级宜采用一级、丙类建筑宜采用二级，这项规定虽然统一了设防类别和安全等级的关系，使实际应用起来更方便，但毕竟这两个事项所强调事务的侧重点不同，这样简单地归并会造成概念上的误解和应用上的混乱。

一般来说，安全等级考虑的是正常使用状态下的可靠度，安全等级二级保证延性结构的可靠性指标 $\beta=3.2$，这对于大多数结构的安全性是足够的。提高到一级，相当于 $\beta=3.7$，仅仅适用于重要的建筑物，如北京人民大会堂等。

抗震设防类别考虑的是地震时人员的伤害情况。丙类适用于一般结构，对可能造成大量人员伤亡的结构提高到乙类。可见，因地震较正常使用状态具有更大的不确定性和危害性，所以一般来说乙类建筑物的范围比安全等级一级的建筑物范围要广。

下面的两个例子选自本人参加的超限审查项目。

1　中国国际贸易中心3B。8度；建筑高度300m；63层；地上建筑面积12.6万 m^2；写字楼+酒店。如果按《建标》6.0.11及条文说明的总人数8000人及办公 $10m^2$/人的标准，可能会按乙类。考虑到有酒店且高档办公的人均面积远大于 $10m^2$/人，设计综合考虑，采用二级丙类。

2　海口五源河体育馆。1.8万座，超过大型体育馆4500座的标准，按乙类；但考虑到作为一个8.5度区的体育建筑，安全等级取二级。

3.3.2 卡轨力

本条规定的横向水平地震力为吊车纵向行走时因吊车摆动引起的卡轨力，它与《荷规》6.1.2 给出的横向水平力不是同一概念。

《荷规》考虑的横向水平力是吊车的大车停止后小车吊着重物沿大车桥架横向行走停止刹车时的摩擦力，其值为小车重量加吊重乘以摩擦系数（0.1 左右），并在两侧吊车梁平均分配。

本标准的卡轨力为大车重＋小车重＋吊重后乘以系数（可取 0.1）并考虑吊车的最大轮压。一般来说，卡轨力大于《荷规》的横向水平刹车力。

3.3.5 温度区段

《17 钢标》表 3.3.5 给出了单层厂房的温度区段长度值，即在限值内，可不考虑温度变化对结构的影响。

该表是多年来单层厂房工程实践的总结，它仅适用于特定类型的单层钢结构厂房。

这里的单层厂房是指：沿厂房横向，钢柱柱底与基础刚接，屋架与柱顶铰接的排架结构，或柱底与基础刚接或铰接，柱顶与屋架或屋面梁刚接的刚架结构。厂房纵向为支撑结构，即纵向水平力由支撑承担，无支撑的梁柱部分只承受竖向荷载。

沿厂房纵向的柱间支撑，要求打在纵向的中间部位。这与民用建筑的支撑打法不同。民用多高层建筑，楼盖通常采用混凝土梁板体系。这种楼盖在楼层平面内符合平面无限刚假定，这时结构抗震的一项主要目的是控制结构的扭转。为达到这一目的，支撑应打在结构端部以增加抗扭刚度。单层厂房通常采用轻型有檩屋盖，其平面内的刚度更接近于柔性，各柱列基本上表现为独立工作，即独立承担纵向水平荷载，不存在考虑结构整体作用控制扭转变形的问题。而此时为延长温度区段长度，温度应力将是重点。将支撑打在中部可大大降低温度应力作用。

除了纵向支撑的位置，结构体系和屋面结构形式也影响温度区段的长度。上述的单层厂房每榀排架（刚架）之间的屋面采用檩条体系，面内刚度弱，有利于温度应力的释放。

故此，此表不适用于诸如屋面采用拱桁架体系、网架体系等面内刚度大的单层钢结构。

关于单层钢结构厂房温度区段的设置问题，魏明钟[1] 有过全面的论述，下面做一个简略介绍。

1 影响温度应力的因素

（1）温差取值

温差的取值有两种观点：

一是取安装时月平均温度与使用时最不利温度之差。如不能确定安装时间，安装温度可取最热月平均温度或最冷月平均温度。在寒冷地区，一般气温在－15℃以下就不会进行室外安装作业，因此最冷月平均温度可取不低于－10℃。

二是认为结构安装后，要经过几次温度伸缩的反复其连接才能稳定下来，因此温差取使用阶段最不利的温度变化而不考虑安装时的温度。

1）非采暖车间

非采暖车间的室内温度与室外气温相差不大，而钢构件温度又几乎就是周围空气温度，所以使用时的最不利温度可取室外空气的最高或最低温度。

钢结构厂房的特点是跨数不多高度较高，厂房柱在风荷载作用下的内力较大。若只有最大温度应力而无最大风载，厂房一般是安全的。所以只有在最大风载作用下同时又是较大温差时，结构达到最不利状态。因此，对于非采暖车间，使用阶段的最不利温度可近似取为年最大风速时的月最高或最低气温。

根据气象原理，大风产生于冷暖空气交替之际，一般夏天大风时，气温比最高气温低 10℃左右；冬天大风时，气温比最低气温高 4～5℃左右。

气温资料表明，年最大风速时的最高、最低气温变化幅度比极端气温的变化幅度小得多，因此两种方法的温差取值接近。

北方地区，取 35～45℃；

中部地区，取 25～35℃；

南方地区，取 20～25℃。

2）采暖车间

采暖车间处于北方寒冷地区，室内温度变化小，冬季室内采暖温度在 12～16℃。与非采暖车间相比，可认为其温差更小，可取 25～35℃。

3）热车间

热车间温度不均匀，计算温差应略高于普通车间，可取 40℃左右。

4）露天栈桥

风载对露天栈桥影响很小，故计算温差不与风结合考虑。考虑露天受太阳辐射的影响，夏季钢构件向阳面温度高，阴面有热作用温度低。经热工计算，太阳辐射时，钢构件内部平均温度约比空气温度高10℃（此数据由重庆建工学院建筑物理教研室陈啓高教授提供）。故露天栈桥的计算温差应加大，北方地区可取55～60℃，南方地区可取45～50℃。

（2）温度变形不动点位置

厂房纵向，如果结构沿全长对称布置，见图1（*a*）、（*b*），由于温度内力是自平衡的，温度变形的不动点在全长的中点。

（3）温度变形的损失

在温度作用下，水平钢构件产生伸缩。该伸缩变形将引起厂房水平变形。下列因素的存在将减小该水平变形，或称为产生变形损失。

1）连接滑移

水平构件与柱的连接越不紧密，变形损失越大。

2）水平构件的柔度

水平构件刚度越小，引起的变形损失越大。

3）柱和柱间支撑的弹性抵抗

经实测，并参考国内外资料，建议吊车梁的变形损失取理论计算值（按温差的计算值）的30%～50%。

4）柱脚为弹性嵌固时温度应力的损失

沿厂房纵向，由于柱脚截面高度较小，考虑柱脚的

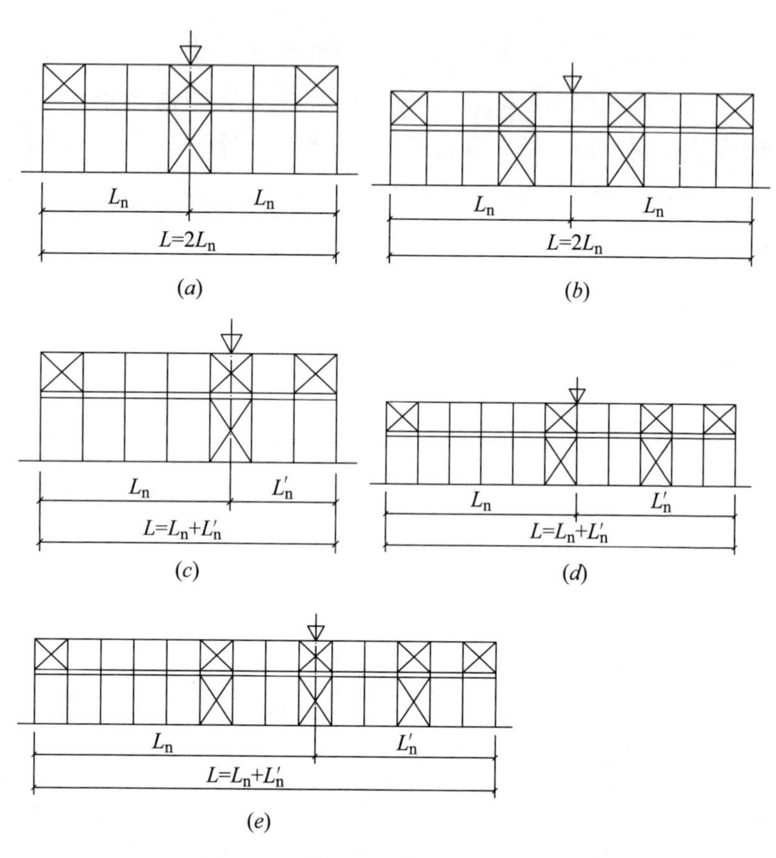

图 1　温度变形不动点位置（▽）

弹性转动、锚栓的弹性伸长以及基础顶面的弹性压缩等原因，柱脚处的温度应力损失可按 30％考虑；

沿厂房横向，柱脚截面较大，上述影响较小，柱脚处的温度应力损失可按 10％考虑。

5）温度应力许可值

考虑温度作用的特殊性，采用一简化方法考虑温度应力对结构的不利影响。这里引入一个温度应力许可值的概念，即当温度应力小于某一数值时，不考虑温度应力的影响。

魏明钟采用旧的荷载组合和容许应力法考虑温度应力许可值。

温度应力的许可值取20MPa，该值对于Q235相当于容许应力（170MPa）的12%，对Q355相当于容许应力（240MPa）的8%。

2 温度应力计算

（1）露天栈桥柱

柱脚处温度应力为

$$\sigma_{\mathrm{t}}=\frac{\eta M_{\mathrm{t}} b}{2I}=1.5S\eta\alpha E\frac{b}{H_1}\frac{L_{\mathrm{n}}}{H_1}\Delta t \tag{1}$$

取温度变形损失系数$S=0.6$，柱脚处温度应力损失系数$\eta=0.7$，则

$$\sigma_{\mathrm{t}}=15.9\frac{b}{H_1}\frac{L_{\mathrm{n}}}{H_1}\Delta t \tag{2}$$

（2）单层厂房纵向

柱脚处温度应力为

$$\sigma_{\mathrm{t}}=\frac{\eta M_{\mathrm{t}} b}{2I_2}=0.5\eta\alpha EK\frac{b}{H}\frac{L_{\mathrm{n}}}{H}\Delta t \tag{3}$$

取柱脚处温度应力损失系数$\eta=0.7$，则

$$\sigma_{\mathrm{t}}=8.82K\frac{b}{H}\frac{L_{\mathrm{n}}}{H}\Delta t \tag{4}$$

（3）单层厂房横向

柱脚处温度应力为

$$\sigma_{t}=\frac{\eta M_{t}C}{2I_{2}}=0.5S\alpha EK\frac{C}{H}\frac{L_{n}}{H}\Delta t \tag{5}$$

取温度变形损失系数 $S=0.85$（横梁与柱顶刚接）或 0.7（横梁与柱顶铰接），柱脚处温度应力损失系数 $\eta=0.9$，$K=3.5$（横梁与柱顶刚接）或 2.5（横梁与柱顶铰接），则

柱顶刚接

$$\sigma_{t}=37.1\frac{B}{H}\frac{L_{n}}{H}\Delta t \tag{6a}$$

柱顶铰接

$$\sigma_{t}=21.8\frac{B}{H}\frac{L_{n}}{H}\Delta t \tag{6b}$$

3　温度区段的允许长度

允许长度的计算

温度应力计算公式（2）、（4）、（6）中的 σ_{t} 取 200kg/cm^2（20MPa），可得到不需要考虑温度应力的允许长度。

1）露天栈桥

温度变形不动点在栈桥纵向中央时，温度区段允许长度为

$$L=25.2\frac{H}{b}\frac{H_{1}}{\Delta t} \tag{7}$$

一般情况，露天栈桥的温差为 $\Delta t=45\sim60℃$，柱高 $H_1=6\sim20$m，$H_1/b=18\sim30$。图 2 为 $H_1/b=24$ 时的 L 曲线，《17 钢标》的规定值为水平线，当柱高度大时偏于保守，柱高度小时温度应力可能超过允许值 20MPa。

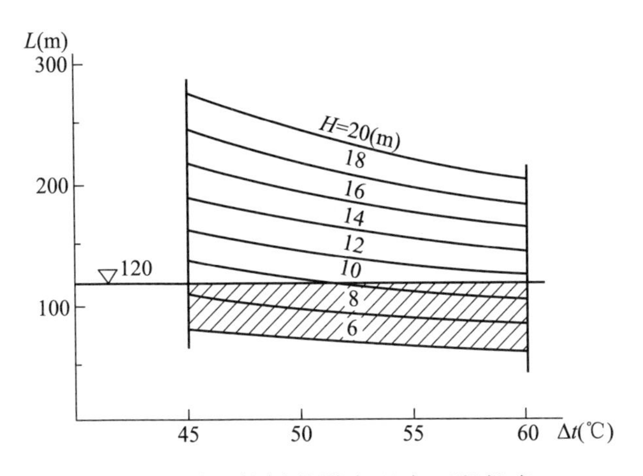

图 2 露天栈桥的纵向温度区段长度

2）单层厂房纵向

温度变形不动点在厂房纵向中央时，温度区段允许长度为

$$L=45.4\frac{1}{K}\frac{H}{b}\frac{H}{\Delta t} \tag{8}$$

式中 K 为 $\lambda=a/h$ 及 $n=I_1/I_2$ 的函数，取 $\lambda=0.3$，$n=0.14$，取 $H/b=32.5$ 得到 L 曲线图 3。可以看出，当柱高较小时，采用《17 钢标》的长度限值温度应力可

能超过允许值 20MPa。

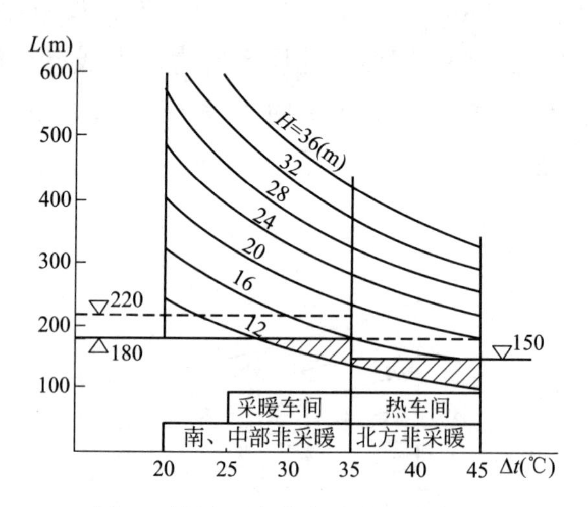

图 3 单层厂房纵向温度区段长度

3）单层厂房横向

柱顶刚接

$$L = 10.78\frac{H}{B}\frac{H}{\Delta t} \tag{9a}$$

柱顶铰接

$$L = 18.34\frac{H}{B}\frac{H}{\Delta t} \tag{9b}$$

设 $H/B=13.5$，得 L 曲线图 4、图 5。可以看出，当柱高较小时，采用《17 钢标》的长度限值温度应力可能超过允许值 20MPa。

本节对于钢结构温度应力的研究虽然来自单层钢结构厂房，但其一些共性的结论对其他类型的钢结构也是

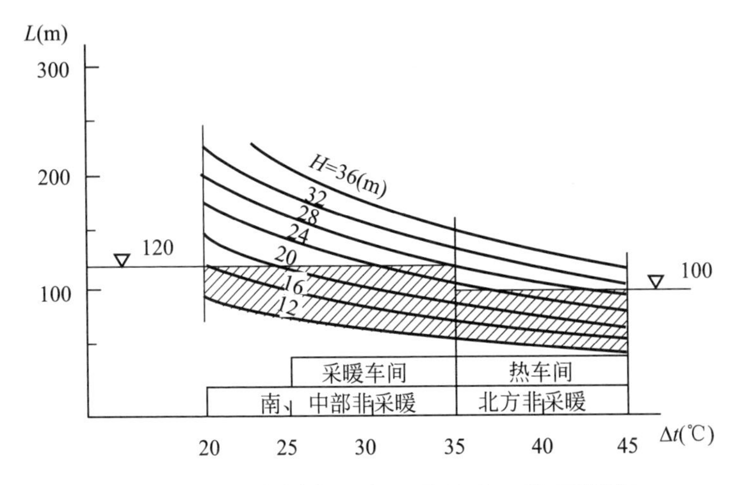

图 4　单层厂房横向温度区段长度（柱顶刚接）

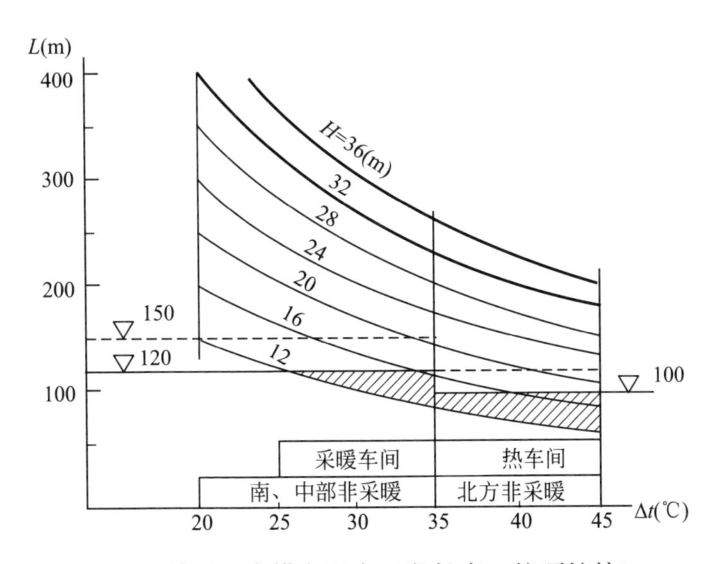

图 5　单层厂房横向温度区段长度（柱顶铰接）

有借鉴作用的。比如柱脚非完全弹性嵌固引起的温度应力损失，可参照沿厂房纵向按30%考虑、沿厂房横向按10%考虑的结论酌情采用。

3.5.1、3.5.2 板件宽厚比

3.5 节的这两条用于第 17 章的钢结构抗震设计。

地震作为一种低周疲劳荷载，使得局部屈曲引起高的局部应变，导致本应表现为高延性的杆件提前破坏。截面的屈服和屈曲具有相关性。为在抗震结构中为这些杆件提供可靠的非弹性变形，受压板件的宽厚比应不超过其非弹性范围防止局部屈曲的宽厚比。

表 3.5.1 为压弯和受弯构件的板件宽厚比限值。宽厚比分 S1～S5 五个等级，分别对应于一级塑性截面、二级塑性截面、弹塑性截面、弹性截面和薄壁截面。塑性截面可达到完全塑性，一级比二级具有更小的宽厚比，其塑性转动能力大致相当于应力应变曲线刚刚开始进入应变硬化处，因而在截面屈服后能发展更大的塑性变形而不使板件屈曲。我们将一级塑性截面对应的宽厚比称为塑性宽厚比。弹塑性截面可在板件屈曲前达到翼缘屈服、腹板 1/4 进入屈服。弹性截面的宽厚比是截面进入屈服和板件开始屈曲的弹性界限宽厚比，简称弹性宽厚比。如果宽厚比超过弹性宽厚比，截面表现为板件的局部屈曲而不会进入屈服。

因此，这里面存在两个关键的宽厚比限值，弹性宽厚比和塑性宽厚比，下面简要加以说明，相关内容参考了《设计指南》[2]。

1 弹性宽厚比

四边支承板，其两端受均匀压力作用，正交异性板的屈曲平衡微分方程为

$$D_x \frac{\partial^4 w}{\partial x^4} + 2H \frac{\partial^4 w}{\partial x^2 \partial y^2} + D_y \frac{\partial^4 w}{\partial y^4} + N_x \frac{\partial^2 w}{\partial y^2} = 0 \quad (1a)$$

$$D_x = \frac{E_x t^3}{12(1-\nu_x \nu_y)} \quad (1b)$$

$$D_y = \frac{E_y t^3}{12(1-\nu_x \nu_y)} \quad (1c)$$

$$2H = D_x \nu_y + D_y \nu_x + \frac{G_x t^3}{3} \quad (1d)$$

弹性阶段，双向同性，$D_x = D_y = D$，$\nu_x = \nu_y = \nu$，$E_x = E_y = E$，$G_x = G = \frac{E}{2(1+\nu)}$，代入式（1），得到

$$D\left(\frac{\partial^4 w}{\partial x^4} + 2\frac{\partial^4 w}{\partial x^2 \partial y^2} + \frac{\partial^4 w}{\partial y^4}\right) + N\frac{\partial^2 w}{\partial y^2} = 0 \quad (2)$$

式（2）即为弹性板的平衡微分方程。解该方程，可得到临界应力

$$\sigma_{cr} = K\frac{\pi^2 E}{12(1-\nu^2)}\left(\frac{t}{b_1}\right)^2$$

将 $\sigma_{cr} = f_y$ 代入上式，得到弹性宽厚比为

$$\left(\frac{b_1}{t}\right)_y = \sqrt{\frac{K\pi^2 E}{12(1-\nu^2) f_y}} \tag{3}$$

工字形截面梁的翼缘，为三边简支一边自由的板，屈曲系数 $K=0.425$，一同将 $\nu=0.3$ 代入式（3），得到 $\left(\frac{b_1}{t}\right)_y=18\varepsilon_k$。《17 钢标》考虑初始缺陷，对弹性宽厚比采用了 0.8 的折减系数，即对于 H 形截面柱或工字形截面梁的翼缘，S4 截面取 $15\varepsilon_k$。

2 塑性宽厚比

材料进入塑性后，由屈服平台到开始应变硬化，这个过程是板件截面逐渐进入塑性的过程，每一点并不同步，因此弹性模量是由 E 逐渐变为应变硬化模量 E_{st} 的过程。对于两端受压的四面支承板，受力方向 $E_x=E_{st}$，$G_x=G_{st}$，垂直于受力方向 $E_y=E$。

工字形截面梁的翼缘，三边简支一边自由板，板长为 a 宽为 b，解式（1）得到

$$\sigma_{cr}=\frac{\pi^2}{a^2 t}D_x+\left(\frac{t}{b}\right)^2 G_{st}$$

三边简支一边自由板屈曲呈一个半波，临界应力与板的长度 a 有关。但由于 a 比 b 大得多，上式第一项可以忽略，因此得到

$$\sigma_{cr}=\left(\frac{t}{b}\right)^2 G_{st}$$

以 $\sigma_{cr}=f_y$ 代入上式，得到翼缘受压屈服而不失稳的塑性宽厚比为

$$\left(\frac{b_1}{t}\right)_p=\sqrt{\frac{G_{st}}{f_y}} \tag{4}$$

$$G_{st}=\frac{2G}{1+\dfrac{E}{4(1+\nu)E_{st}}}$$

取 $G=\dfrac{E}{2(1+\nu)}$，$E=206\times10^3$MPa，$E_{st}=5.6\times10^3$MPa，$\nu=0.3$ 代入上式，得到 $G_{st}=19.6$MPa，$\left(\dfrac{b_1}{t}\right)_p=9\varepsilon_k$，此值正是《17 钢标》S1 截面的限值。

《17 钢标》经过对比分析，对 S1～S4 截面的板件宽厚比以下述方法考虑并作适当调整：以式（3）求出的弹性宽厚比作为基本值，考虑初始缺陷，将基本值乘以折减系数 0.8 作为 S4 截面的板件宽厚比，S1～S3 截面的板件宽厚比依次为 0.5、0.6、0.7 乘以 $\left(\dfrac{b_1}{t}\right)_y$，S5 截面取一个大于 1 的系数或不控制（箱形截面的翼缘）。

几个典型截面的板件宽厚比如下。

H 形截面柱或工字形截面梁的翼缘，考虑全截面受压，取值一致，S1～S4 分别为 9、11、13、15ε_k。《美钢抗规》按高延性和中等延性给出宽厚比限值 λ_{hd} 和 λ_{md}，分别相当于《17 钢标》的 S1 和 S2 截面。《美钢抗

规》表 D1.1 给出 $\lambda_{hd}=0.32\sqrt{\frac{E}{R_y F_y}}$，在此引入了期望强度系数 R_y，这个系数很有必要，虽然《17 钢标》没有。对于美标 GR50，相当于《17 钢标》的 Q355，$R_y=1.1$（《美钢抗规》表 3.1），得到 $\lambda_{hd}=9\varepsilon_k$，另有 $\lambda_{md}=11\varepsilon_k$，这两个值与 S1 和 S2 限值一致。

H 形截面柱的腹板，《17 钢标》引入参数 α_0，给出 S1～S4 的限值。由于此时柱腹板为压弯受力，引入参数 α_0（相当于应力不均匀系数）似比《美钢抗规》采用定值的限值数值（与前面工字形截面梁的腹板相同）合理些。

表 3.5.1 注 5 给出了 S5 截面当应力小于 f_y 时，可能按 S4 截面采用的计算方法。

弹性截面的板件宽厚比计算式为

$$\left(\frac{b_1}{t}\right)_y=\sqrt{\frac{K\pi^2 E}{12(1-\nu^2)\sigma_{max}}}=\sqrt{\frac{K\pi^2 E}{12(1-\nu^2)f_y}}\sqrt{\frac{f_y}{\sigma_{max}}}$$

即当 S5 截面的最大应力 σ_{max} 小于 f_y 时，可采用修正因子 $\varepsilon_\sigma=\sqrt{\frac{f_y}{\sigma_{max}}}$ 对 S4 截面板件宽厚比进行修正。当修正后的板件宽厚比大于或等于 S5 截面的板件宽厚比时，S5 截面可按 S4 截面考虑。

表 3.5.2 为支撑截面的板件宽厚比限值。支撑作为全截面受压杆件，其宽厚比等级比梁和柱更严些。《17 钢标》将支撑的板件宽厚比等级分为三类，即 BS1～BS3，

对于 H 形截面，翼缘的 B1～B3 分别为 8、9、10ε_k。

值得一提的是，《美钢抗规》给出了矩形钢管混凝土截面和圆钢管混凝土截面的 λ_{hd} 和 λ_{md}，前者分别为 41ε_k 和 64ε_k，后者分别为 66ε_k^2 和 132ε_k^2，可作为设计时的参考。

4.1.5 钢材设计指标

第4.1.5条的条文说明给出了采用未列在《17钢标》选用钢材牌号的其他钢材的选用方法。这里仅就目前国产钢材的情况加以分析和说明。

《17钢标》选用了《碳素结构钢》GB/T 700—2006的Q235钢，屈服强度为上屈服点；《低合金高强度结构钢》GB/T 1591—2008的Q345、Q390、Q420、Q460钢，屈服强度为下屈服点；《建筑结构用钢板》GB/T 19879—2005的Q345GJ钢，屈服强度为上屈服点。《17钢标》各钢号的抗力分项系数是分别按上述的上或下屈服点统计的。

《建筑结构用钢板》GB/T 19879于2015年进行了修订（GB/T 19879—2015），将之前的上屈服点改为下屈服点。《低合金高强度结构钢》GB/T 1591于2018年进行了修订（GB/T 1591—2018），将之前的下屈服点改为上屈服点，并将Q345钢用Q355钢代替。下面就两个问题进行讨论。

1 Q355钢

Q355钢的设计指标可直接按Q345钢的取值。

这是考虑到其上、下屈服点相差约10MPa，且认为现Q355钢就是原Q345钢，故以《17钢标》中Q345钢的设计强度直接取为Q355钢的设计强度。这样做新旧钢号的可靠度是不变的，但反过来说如按上屈服点计算，Q355钢的设计强度取值偏小。

2 其他牌号钢

同理，对于Q390、Q420、Q460钢，直接取用《17钢标》的设计值因上、下屈服点的差异会降低与原标准相比的安全度，且上、下屈服点的统计规律也不一样。

类似地，Q345GJ钢因上、下屈服点的差异，直接取用《17钢标》的设计值会提高这个钢号的安全度。

4.4.5 (1)、4.4.7、7.1.3、7.6.1 强度折减

4.4.5 焊缝的强度指标应按表 4.4.5 采用并应符合下列规定：

4 计算下列情况的连接时，表 4.4.5 规定的强度设计值应乘以相应的折减系数；几种情况同时存在时，其折减系数应连乘：

1）施工条件较差的高空安装焊缝应乘以系数 0.9；

2）进行无垫板的单面施焊对接焊缝的连接计算应乘折减系数 0.85。

4.4.7 铆钉连接的强度设计值应按表 4.4.7 采用，并应按下列规定乘以相应的折减系数，当下列几种情况同时存在时，其折减系数应连乘：

1 施工条件较差的铆钉连接应乘以系数 0.9；

2 沉头和半沉头铆钉连接应乘以系数 0.8。

4.4.5、4.4.7 条文说明：

1 施工条件较差的高空安装焊缝和铆钉连接。当安装的连接部位离开地面或楼面较高，而施工时又没有临时的平台或吊筐设施等，施工条件较差，焊缝和铆钉连接的质量难以保证，故其强度设计值需乘以折减系

数 0.90。

2 无垫板的单面施焊对接焊缝。一般对接焊缝都要求两面施焊或单面施焊后再补焊根。若受条件限制只能单面施焊，则应将坡口处留足间隙并加垫板（对钢管的环形对接焊缝则加垫环）才容易保证焊满焊件的全厚度。当单面施焊不加垫板时，焊缝将不能保证焊满，其强度设计值应乘以折减系数 0.85。

3 沉头和半沉头铆钉连接。沉头和半沉头铆钉与半圆头铆钉相比，其承载力较低，特别是其抵抗拉脱时的承载力较低，因而其强度设计值要乘以折减系数 0.80。

7.1.3 轴心受拉构件和轴心受压构件，当其组成板件在节点或拼接处并非全部直接传力时，应将危险截面的面积乘以有效截面系数 η，不同构件截面形式和连接方式的 η 值应符合表 7.1.3 的规定。

7.1.3 条文说明：

有效截面系数是考虑了杆端非全部直接传力造成的剪切滞后和截面上正应力分布不均匀的影响。

7.6.1 桁架的单角钢腹杆，当以一个肢连接于节点板时（图 1），除弦杆亦为单角钢，并位于节点板同侧者外，应符合下列规定：

1 轴心受力构件的截面强度应按本标准式（7.1.1-1）和式（7.1.1-2）计算，但强度设计值应乘以折减系数 0.85。

2 受压构件的稳定性应按下列公式计算：

$$\frac{N}{\eta\varphi Af}\leqslant 1.0 \tag{1}$$

等边角钢

$$\eta=0.6+0.0015\lambda \tag{2}$$

短边相连的不等边角钢

$$\eta=0.5+0.0025\lambda \tag{3}$$

长边相连的不等边角钢

$$\eta=0.7 \tag{4}$$

式中：

λ——长细比，对中间无联系的单角钢压杆，应按最小回转半径计算，当 $\lambda<20$ 时，取 $\lambda=20$；

η——折减系数，当计算值大于 1.0 时取为 1.0。

7.6.1 条文说明：

桁架的单角钢腹杆，若腹杆与弦杆在节点板同侧(图 2)，偏心较小，可不考虑这一折减。

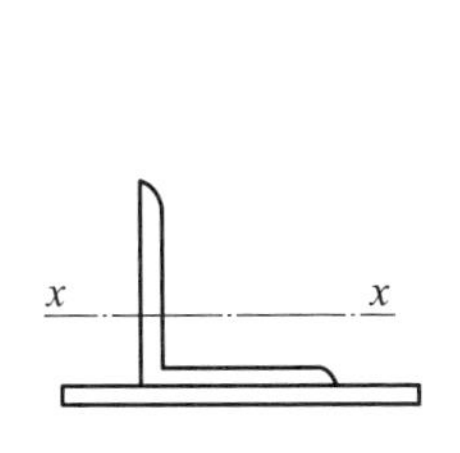

图 1 角钢的平行轴

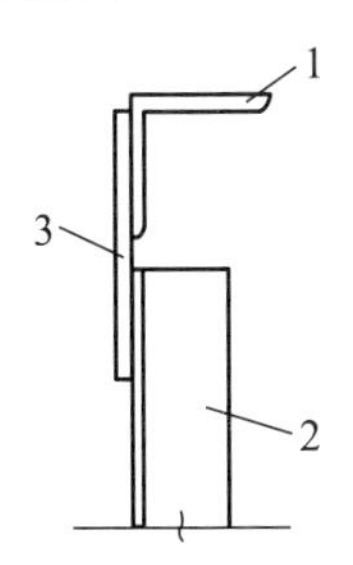

图 2 腹板与弦杆的同侧连接

1—弦杆；2—腹杆；3—节点板

1　强度计算。单面连接的单角钢是双向偏心受力构件，若按轴心受力构件计算，要对强度进行折减，折减系数可取 0.85；

2　稳定计算。单面连接的受压单角钢是双向压弯构件。为计算简便起见，习惯上将其作为轴心受压构件来计算，并用折减系数考虑双向压弯的影响。

需要说明的是，本条中表 7.1.3 的第一图单边连接单角钢取有效截面系数 $\eta=0.85$，是不均匀传力的结果，而 7.6.1 第一款单角钢单面连接取强度设计值折减系数 0.85 是偏心受力的结果，两者考虑的不是一个事情。遇到类似两者同时发生的情况，需根据受力特点酌情考虑其相关性。

4.4.5 (2) 焊缝强度

表 4.4.5 给出了焊缝的强度指标，其中焊缝强度设计值的采用原则见条文说明表 7。

从中可见，对接焊缝的抗压强度设计值取母材抗压强度设计值，即 $f_c^w=f$；抗拉强度设计值，一二级焊缝取母材抗拉强度设计值，即 $f_t^w=f$，三级取母材抗拉强度设计值的 0.85 倍，即 $f_t^w=0.85f$；抗剪强度设计值取母材的抗剪强度设计值，即 $f_v^w=f_v$。对接焊缝强度设计值适用于全熔透对接焊缝和全熔透对接与 T 形连接组合焊缝的计算。

角焊缝的抗拉、抗压和抗剪强度设计值取对接焊缝抗拉强度的 0.38 倍（$f_f^w=0.38f_u^w$，Q235）或 0.41 倍（$f_f^w=0.41f_u^w$，Q345、Q390、Q420、Q460）。角焊缝强度设计值适用于部分熔透对接焊缝、部分熔透对接与 T 形连接组合焊缝、角焊缝（包括圆形塞焊焊缝、圆孔或槽孔内角焊缝）的计算。

问题 1：角焊缝的抗剪强度设计值（板厚不大于 16mm，Q345 为 200N/mm^2）为何高于对接焊缝的抗剪强度设计值（Q345 为 175N/mm^2）?

答：角焊缝的抗剪强度设计值对应着对接焊缝的抗

拉强度，$f_f^w = 0.41 f_u^w = 0.41 \times 480 = 200\text{N/mm}^2$；对接焊缝的抗剪强度设计值对应着母材的抗剪强度设计值，$f_v^w = f_v = 175\text{N/mm}^2$。两者相比，前者大。可见，对接焊缝属于等强连接，由于焊缝强度远高于母材强度，杆件受力破坏发生在母材。所以对接焊缝强度取值与母材一致，再提高也没有意义。角焊缝是局部焊缝，计算的是焊缝本身的承载力，与母材没有关系，因此焊缝强度取焊缝本身的。

问题 2：角焊缝连接的抗拉、抗压和抗剪强度设计值为何相同？

答：角焊缝在各个方向受力本质是一样的，都相当于剪切破坏，所以其抗拉、抗压和抗剪强度设计值相同。

5.1.4 半刚性连接

5.1.4 框架结构的梁柱连接宜采用刚接或铰接。梁柱采用半刚性连接时，应计入梁柱交角变化的影响，在内力分析时，应假定连接的弯矩-转角曲线，并在节点设计时，保证节点的构造与假定的弯矩-转角 M-ϕ 曲线符合。

半刚性连接的 M-ϕ 关系属于非线性问题，需采用非线性数值直接积分方法进行矩阵方程的求解。非线性数值方法分隐式和显式两种。

1 隐式方法

隐式方法积分步长较长，但每步内需进行迭代求解耦联方程组，并需进行刚度矩阵求逆，因而存在收敛性问题，常用的方法有 Newmark-β 法、Wilson-θ 法及由此发展的 Newton-Raphson 法和 Arc-Length 法。下面为 Newmark-β 法，求解位移项 Δu 需对刚度矩阵 $[K]$ 求逆。

运动方程为

$$[M]\{\Delta\ddot{u}\}+[C]\{\Delta\dot{u}\}+[K]\{\Delta u\}=-[M]\{1\}\Delta\ddot{u}_0$$

解得

$$\{\Delta u\}=[\overline{K}]^{-1}\{\Delta\overline{F}\}$$

其中

$$[\overline{K}]=[K]+\frac{1}{2\beta\Delta t}[C]+\frac{1}{\beta\Delta t^2}[M]$$

$$\{\Delta\overline{F}\}=-[M]\{1\}\Delta\ddot{u}_{0n}+[M]\left(\frac{1}{\beta\Delta t}\{\dot{u}_n\}+\frac{1}{2\beta}\{\ddot{u}_n\}\right)+$$

$$[C]\left(\frac{1}{2\beta}\{\dot{u}_n\}+(\frac{1}{4\beta}-1)\Delta t\{\ddot{u}_n\}\right)$$

式中：

$[M]$——质量矩阵；

$[C]$——阻尼矩阵；

$[K]$——刚度矩阵；

$\{\Delta u\}$——结构位移增量矩阵；

$\Delta\ddot{u}_0$——地面运动加速度增量。

从上面可见，$[\overline{K}]$与$[K]$有关，故对$[\overline{K}]$求逆就需对$[K]$求逆。

2 显式方法

显示方法要求积分步长短，直接求解耦联方程组而无需进行平衡迭代，不需进行刚度矩阵求逆，因而不存在收敛性问题，常用的方法有中心差分法。

中心差分法在 n 步列出平衡方程，求解 u_{n+1} 不需对刚度矩阵［K］求逆，只需对［M］和［C］求逆。［M］为对角阵，［C］可以表示成［M］的瑞雷阻尼形式，计算结果偏于安全，此时不需求逆，可以直接解耦求解矩阵方程。

$$\{u_{n+1}\}=[\overline{K}]^{-1}\{\overline{F}\}$$

其中

$$\overline{F}=-[M]\{1\}\ddot{u}_{0n}-\{Q_n\}+\frac{1}{\Delta t^2}[M](2\{u_n\}-\{u_{n-1}\})$$

$$=\frac{1}{2\Delta t}[C]\{u_{n-1}\}$$

$$[\overline{K}]=\frac{1}{2\Delta t}[C]+\frac{1}{\Delta t^2}[M]$$

$[C]$采用

$$[C]=\alpha[M]$$

式中：

α——结构瑞雷阻尼系数；

$\ddot{u}_0$——地面运动加速度；

$\{u_n\}$——结构位移矩阵。

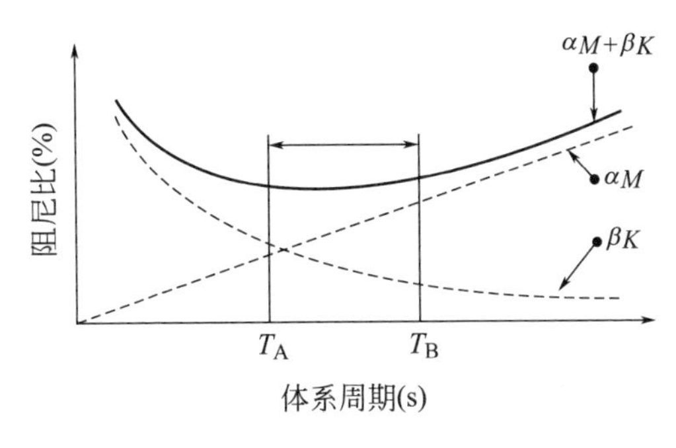

图1 瑞雷阻尼

从图 1 可见，$[C]$ 采用 $[M]$ 的瑞雷阻尼形式，阻尼比低于全瑞雷阻尼形式，结构地震反应计算结果偏大（偏于安全）。

5.1.5、8.5.2 桁架次弯矩

第 5.1.5 条规定，桁架杆件的轴力计算可采用节点铰接；采用节点板连接，杆件截面为单角钢、双角钢或 T 形钢时，可不考虑节点刚性引起的弯矩效应；钢管相贯节点，主管节间长度与截面高度或直径之比不小于 12、支管杆间长度与截面高度或直径之比不小于 24 时，可视为铰接节点；H 形或箱形截面杆件的内力计算宜符合本标准第 8. 5 节的规定。

《03 钢规》第 8.4.5 条规定，由节点板连接的桁架，当杆件为 H 形、箱形等刚度较大，截面高度与其几何长度（节点中心间的距离）之比大于 1/10（对弦杆）或大于 1/15（对腹杆）时，应考虑节点刚性所引起的次弯矩。可见，杆件的线刚度 I/L 对次弯矩的影响大，如用 h/L 表示，因各截面类型 I/L 与 h/L 的关系不一致，造成了上述钢管和 H 型截面的要求不同。

第 8. 5 节规定，杆件截面为 H 形或箱形的桁架，应计算节点刚性引起的弯矩（次弯矩）。此时杆件端部截面的强度计算可考虑塑性应力重分布。

第 8.5.2 条进一步规定，杆件截面为 H 形或箱形的桁架，板件宽厚比满足 S2 级时，截面强度按下列公

式计算[3]：

$$\varepsilon=(MA/NW)\leqslant 0.2$$

$$\frac{N}{A}\leqslant f \tag{1}$$

$$\varepsilon=(MA/NW)>0.2$$

$$\frac{N}{A}+\alpha\frac{M}{W_{p}}\leqslant \beta f \tag{2}$$

拉杆和短粗的压杆在次弯矩和轴力共同作用下，杆端可能会出现塑性铰，之后，轴力可增大至 $N=Af_y$。从工程角度弯曲次应力不宜超过主应力的 20％，否则桁架变形过大。因此当弯矩应力与轴力应力之比不超过 20％时，可按公式（1）计算，超出时，应考虑次弯矩的影响，按公式（2）计算。

次弯矩下压杆稳定性计算应按 8.2 节压弯杆件进行。

5.1.6（1） 二阶 P-Δ 和 P-δ 效应

钢结构通常由薄壁构件组成，普遍存在着稳定问题，因而钢结构的结构分析和杆件计算就是稳定计算的过程。

稳定，按 AISC[4] 的定义，为作用荷载下变形位置的平衡状态。完善直杆或框架理论上的屈曲为分叉失稳，真实杆件和框架具有初弯曲使得其在压力作用下即导致位于初弯曲位置的挠曲。而对于失稳，表示结构的有效侧向刚度趋于零。

按《美钢规》C1 的说法，结构及其构件的稳定要考虑以下因素：

（1）杆件的弯曲、剪切和轴向变形，以及所有对结构位移产生影响的其他构件和连接的变形。

（2）二阶效应（包括 P-Δ 和 P-δ 效应）。

P-Δ 效应为荷载作用在结构层间位移上的二阶效应，P-δ 效应为荷载作用在杆件挠度上的二阶效应，见图 1。

（3）几何缺陷。

包括结构几何缺陷和杆件几何缺陷，前者指结构安装时的垂直度误差，它影响结构反应；后者指杆件的初

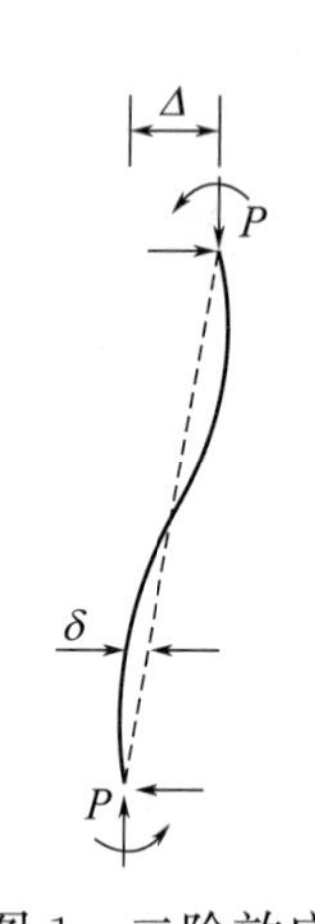

图1　二阶效应示意图

弯曲，它影响结构反应和杆件强度。

（4）由于非线性引起的刚度折减，包括具有残余应力的截面局部屈服的影响。

该项内容影响结构反应和杆件强度。

（5）结构、杆件和连接的强度和刚度的不确定性。

该项内容影响结构反应和杆件强度。

钢结构强度设计，从两个方面展开。其一是进行结构整体计算，得到杆件的内力，即强度需求。其二是进行杆件的承载力计算，得到杆件的强度能力。最后要满足杆件强度能力大于等于强度需求验算。

《17 钢标》根据钢结构稳定计算的特点，将结构分析（结构整体计算）分为一阶弹性分析、二阶 P-Δ 弹性分析和直接分析，三个层次的分析方法按考虑二阶效应的程度依次完善。强度能力方面要考虑轴压、受弯、受剪、受扭（《17 钢标》没有这部分内容）和复合应力，计算时要与强度需求计算方法配套。

本条公式（5.1.6-1）给出了规则框架二阶效应系数如下

$$\theta_i^{\mathrm{II}}=\frac{\sum N_i \Delta u_i}{\sum H_{ki} h_i} \tag{1}$$

上式适用于框架结构，对于一般结构，如框架-支撑结构，本条公式（5.1.6-2）给出了由屈曲因子 η_{cr} 求二阶效应系数如下

$$\theta_i^{\mathrm{II}}=\frac{1}{\eta_{\mathrm{cr}}} \tag{2}$$

可以看出，《17 钢标》的二阶效应系数实为稳定系数，它是屈曲因子的倒数。因而对于通常的结构，可由有限元程序进行结构屈曲分析，对应于最低模态的屈曲因子即为此处二阶效应的屈曲因子。

二阶 P-Δ 效应的放大系数（表示对一阶弯矩、位移放大的倍数）可写成

$$B_2=\frac{1}{1-\theta} \tag{3}$$

上式中 θ 即为 θ_i^{II}。

下面对式（2）和式（3）加以说明。

先说式（3），这部分内容参考了《设计指南》[2]。

图 2，刚架柱顶受水平力 H，每柱柱顶各受竖向力 N。水平力 H 使柱顶产生侧移 Δ，每个竖向力 N 产生二阶弯矩 $N\Delta$。该二阶 P-Δ 效应可用一阶柱顶水平力 $2N\Delta/h$ 代替，该水平力在两柱脚各产生水平力 $N\Delta/h$，从而在每柱柱顶产生弯矩 $N\Delta$。在柱顶水平力 $2N\Delta/h$ 作用下，会出现附加水平位移，故总位移 $\Delta'>\Delta$。设框

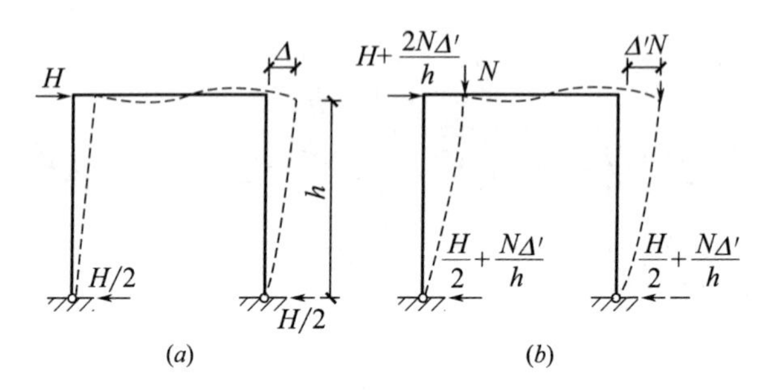

图 2 二阶效应放大系数分析图

架柱顶总重力荷载为$\sum N$，柱顶水平力对应的一阶位移为Δ_0，则对应的等效水平荷载为$\sum N\Delta_0/h$，此附加水平力使框架产生新的侧移为

$$\Delta_1=\frac{\sum N\Delta_0}{hH}\Delta_0 \tag{4}$$

记$S=H/\Delta_0$为框架侧移刚度，则

$$\Delta_1=\frac{\sum N}{hS}\Delta_0 \tag{5}$$

Δ_1对应新的附加水平力为$\sum N\Delta_1/h$，产生新的侧移为

$$\Delta_2=\frac{\sum N\Delta_1}{hH}\Delta_0=\left(\frac{\sum N}{hS}\right)^2\Delta_0 \tag{6}$$

故总侧移为

$$\Delta=\Delta_0+\Delta_1+\Delta_2+\cdots=\Delta_0\left[1+\frac{\sum N}{hS}+\left(\frac{\sum N}{hS}\right)^2+\cdots\right]$$

放大系数B_2为方括号内的级数和

$$B_2=\frac{1}{1-\sum N/(hS)}=\frac{1}{1-\sum N\Delta_0/(hH)}$$

对应多层框架，上式即为式（3）。

再说式（2）。

由式（3）知，分母 $1-\theta=0$，表示 B_2 无穷大，即此时为失稳状态，得到临界荷载为

$$\sum N_{icr}=\frac{\sum H_{ki}h_i}{\Delta u_i}=\frac{\sum H_{ki}}{\dfrac{\Delta u_i}{h_i}}=S_b \tag{7}$$

式（7）中 S_b 为侧倾刚度，表示产生单位层间位移角所需的水平力。

将式（7）代入式（1）得

$$\theta_i^{\mathrm{II}}=\sum N_i\frac{1}{S_b} \tag{8}$$

由式（7）、式（8），即得到式（2）

$$\frac{\sum N_i}{\sum N_{icr}}=\frac{1}{\eta_{cr}}=\theta_i^{\mathrm{II}}$$

当 $\theta\leqslant 0.1$ 时，B_2 与 θ 相差不大。《17 钢标》规定，二阶效应放大系数不大于 0.1 时，可采用一阶弹性分析；二阶效应放大系数大于 0.25 时，应增大结构抗侧移刚度或采用二阶分析；二阶效应放大系数介于之间，建议采用二阶分析或直接分析。

1 一阶弹性分析

一阶弹性分析适用于二阶效应放大系数不大于 0.1 的情况，此时二阶 P-Δ 效应的放大系数 $B_2=1/(1-\theta)$ =

1/(1－0.1)＝1.11，目前各国规范均以此作为可以忽略二阶效应对结构反应影响的界限。

据此，杆件强度需求由结构一阶分析得到，即采用结构受力变形前的位置进行结构弹性计算，得到的内力为一阶弹性内力。杆件强度能力按受弯（第6章）、轴压（第7章）、压弯（第8章）进行计算。柱子曲线考虑杆件初挠度、残余应力，柱子计算长度 kl 按有侧移框架和无侧移框架分别取计算长度系数 k 得到。

一阶弹性分析对应于前面5个稳定因素的考虑方法如下：

（1）结构计算考虑所有变形。

（2）结构计算未考虑 $P\text{-}\Delta$ 和 $P\text{-}\delta$ 效应。

（3）结构计算未考虑结构和杆件的初始缺陷。

杆件初始缺陷对杆件强度的影响通过第7章的稳定计算考虑，此时杆件的初始缺陷即初挠度，限值为长度 l 的1/1000。

（4）刚度折减。

结构计算未考虑刚度折减。

刚度折减对杆件强度的影响通过第6章和第7章的稳定计算考虑，包括非线性和残余应力，此时计算长度取 kl。

（5）强度和刚度的不确定性。

该项内容对结构反应的影响未考虑；对杆件强度的影响通过第6章和第7章的稳定计算考虑，包括非线性和残余应力，此时计算长度取 kl。

可见，一阶弹性分析在整体结构计算层面未考虑 P-Δ 和 P-δ 效应的影响，适用于二阶效应有限的结构，比如二阶效应 P-Δ 放大系数不大于 0.1。同样，一阶弹性分析在整体结构计算层面未考虑刚度折减和强度与刚度的不确定性，同样表明适用于二阶效应有限的结构。

在杆件强度（强度能力）计算层面，一阶弹性分析通过计算长度系数 k 考虑了 P-Δ 效应，通过第 7 章柱子曲线考虑了 P-δ 效应、杆件初挠度、材料非线性和残余应力，也可以说通过安全度考虑了强度和刚度的不确定性，应该是比较全面了。

综上，在 P-Δ 效应不大的范围，一阶弹性分析能满足结构稳定设计要求。

要扩大一阶弹性分析的适用范围，如扩展到 P-Δ 效应大于 0.1 的范围，最直接的方法是在结构整体分析时考虑 P-Δ 和 P-δ 效应，这在目前的软件条件下并非难事，只是此时大的二阶效应会加剧结构的非线性。如不同时考虑刚度折减整体计算的结果是否对结构安全有保证还需进一步探讨，虽然以前是这么做的。

2　二阶 P-Δ 弹性分析

二阶 P-Δ 弹性分析适用于二阶效应放大系数大于 0.1 的情况。

杆件强度需求由结构二阶 P-Δ 分析得到，即采用结构受力变形后的位置进行结构弹性计算，同时考虑结构初始缺陷，得到的内力为二阶弹性内力。《17钢标》虽然没有明确结构二阶 $P\text{-}\Delta$ 分析的计算方法，但一般来说这个分析是非线性的，如采用其他简化方法要有依据。另外，结构采用二阶 $P\text{-}\Delta$ 效应计算的同时要计算 $P\text{-}\delta$ 效应。

杆件强度能力按受弯（第6章）、轴压（第7章）、压弯（第8章）进行计算。柱子曲线考虑杆件初挠度、残余应力，计算长度系数取1.0。

二阶 $P\text{-}\Delta$ 弹性分析对应于前面5个稳定因素的考虑方法如下：

（1）结构计算考虑所有变形。

（2）结构计算考虑 $P\text{-}\Delta$ 和 $P\text{-}\delta$ 效应。

（3）结构计算考虑结构初始缺陷。

结构初始缺陷按层高 h 的1/250以初始层间位移考虑，其中的 $1/500h$ 为结构安装的垂直度偏差，另外 $1/500h$ 考虑的是刚度折减0.8，此时杆件能力计算时计算长度系数取1.0。

杆件初始缺陷对杆件强度的影响通过第7章的稳定计算考虑，此时杆件的初始缺陷即初挠度，限值为长度 l 的1/1000。计算长度取几何长度 l。

（4）刚度折减。

刚度折减在（3）中有说明。

（5）强度和刚度的不确定性。

该项内容对结构反应的影响同（4）一样考虑。

综上，二阶 P-Δ 弹性分析能满足结构稳定设计要求。

3 直接分析

直接分析应适用于任何情况，特别是当二阶效应放大系数较大时。

直接分析对应于前面 5 个稳定因素的考虑方法如下：

（1）结构计算考虑所有变形；

（2）结构计算考虑 P-Δ 和 P-δ 效应；

（3）结构计算考虑结构初始缺陷和杆件缺陷；

结构初始缺陷按层高 h 的 1/250 以初始层间位移考虑，其中的 $1/500h$ 为结构安装的垂直度偏差，另外 $1/500h$ 考虑的是刚度折减 0.8。

杆件初始缺陷包括初挠度和残余应力，故将初挠度值由为长度 l 的 1/1000 加以放大至 1/400～1/250 以考虑残余应力的影响。

（4）刚度折减。

刚度折减在（3）中有说明。

（5）强度和刚度的不确定性。

该项内容对结构反应的影响同（4）一样考虑。

直接分析在结构计算时同时考虑 P-Δ 和 P-δ 效应，并引入结构初始缺陷和杆件初始缺陷（包括残余应力），以结构变形后的位置进行非线性稳定分析。因此得到的杆件内力（强度需求）即为稳定平衡状态的真实内力情况，而不需进一步的稳定分析。

直接分析法在由式（5.5.7-1）考虑 $P\text{-}\Delta$ 和 $P\text{-}\delta$ 效应的同时，还要考虑压弯杆件的扭转效应，这由式（5.5.7-2）来保证。对应弹塑性分析，要保证截面的塑性转动能力，要求板件的宽厚比至少达到 S2 级，即式（5.5.7-5）和式（5.5.7-6）的要求。5.5.8 条，轴压比大于 0.5 时，抗弯刚度乘以折减系数 0.8，是考虑进入较大塑性变形后对刚度的再折减。

直接分析法可以通过有限元程序实现。这时初始缺陷的施加，要考虑整体初始缺陷和局部初始缺陷的形状和方向均是以对结构稳定不利的状态相对应，比如整体缺陷与结构第一屈曲模态对应，杆件局部缺陷方向要考虑与整体缺陷形成对结构不利的模式。直接分析法计算除要考虑 $P\text{-}\Delta$ 和 $P\text{-}\delta$ 的效应外，还要考虑扭转效应，包括自由扭转和约束扭转（twisting and warping restraint）。

综上，直接分析能满足结构稳定设计要求。

5.1.6（2） 抗震稳定设计

本条可看作为对《17 钢标》5.1.6 条的补充，内容参考了《金属结构稳定》[5]。

1 静载下的 *P-Δ* 效应

单自由度体系受重力荷载 P 和水平荷载 V 的作用，如图 1（a），抗侧力由水平弹簧提供，弹簧刚度为 k，则系统抗侧力为 $F_s=k\Delta$，Δ 为结构顶部位移。无重力荷载 P，即一阶情况下，令 $F_s^0=V$，$\Delta^0=F_s^0/k$。存在 P 情况下的平衡方程为

$$V=\left(k-\frac{P}{h}\right)\Delta=k\left(1-\frac{P}{kh}\right)\Delta=k(1-\theta)\Delta \qquad (1)$$

θ 为稳定系数

$$\theta=\frac{P}{kh}=\frac{P\Delta^0}{Vh} \qquad (2)$$

由式（1）可见，重力荷载的存在使结构侧向刚度由 k 减小至 $k(1-\theta)$。侧移 Δ 和侧向力 F_s 可由一阶分析结果乘以放大系数 $1/(1-\theta)$ 得到

$$\Delta=\frac{V}{k(1-\theta)}=\frac{\Delta^0}{1-\theta} \qquad (3)$$

$$F_s = k\Delta = \frac{V}{1-\theta} = \frac{k\Delta^0}{1-\theta} \tag{4}$$

弹性屈曲临界荷载，可由式（1）结构侧向刚度 $k(1-\theta)$ 等于零得到，此时 $\theta=1$，$P_{cr}=kh$。

单自由度系统的结果可用于多自由度系统，这里以层的概念表示上述公式，即 V 表示层剪力，Δ 为层间位移，P 为层承担的重力荷载，h 为层高。

重力荷载产生的二阶 P-Δ 弯矩由抗侧力系统承受。下面以图 1（c）～（e）的悬臂柱、单跨框架和支撑框架加以说明。悬臂柱通过柱底弯矩的增大抵抗二阶 P-Δ 弯矩，单跨框架通过梁的弯矩放大抵抗二阶 P-Δ 弯矩，支撑框架通过轴力的增大抵抗二阶 P-Δ 弯矩。

对于图 1（a）的结构，考虑图 1（f）左图双线性 F_s-Δ 的一阶模型，在 P-Δ 效应下，达到屈服位移 Δ_y 时弹簧反力已达到 F_{sy}，但此时承载力为 $V'_y=F_{sy}(1-\theta)$，即 P-Δ 效应降低了结构的承载力。对于图 1（c）～（e）的结构也是如此，承载力降低量为 $F_{sy}\theta=k\Delta_y\dfrac{P}{kh}=\dfrac{P\Delta_y}{h}$。

要提高承载力，可增加 F_{sy}。利用式（4），F_{sy} 增加至 $F_{sy}/(1-\theta)$，此时承载力为 $V_y=F_{sy}$。

进入屈服后，P-Δ 效应的存在，使结构的实际刚度为（$\alpha-\theta$）k。对于理想双线性，$\alpha=0$，刚度变为负刚度 $-\theta k$，即结构的外力只有沿 $-\theta k$ 的斜率发展才能保证平衡。解决负刚度的方法为增加 α，使 $\alpha-\theta \geqslant 0$。对于混

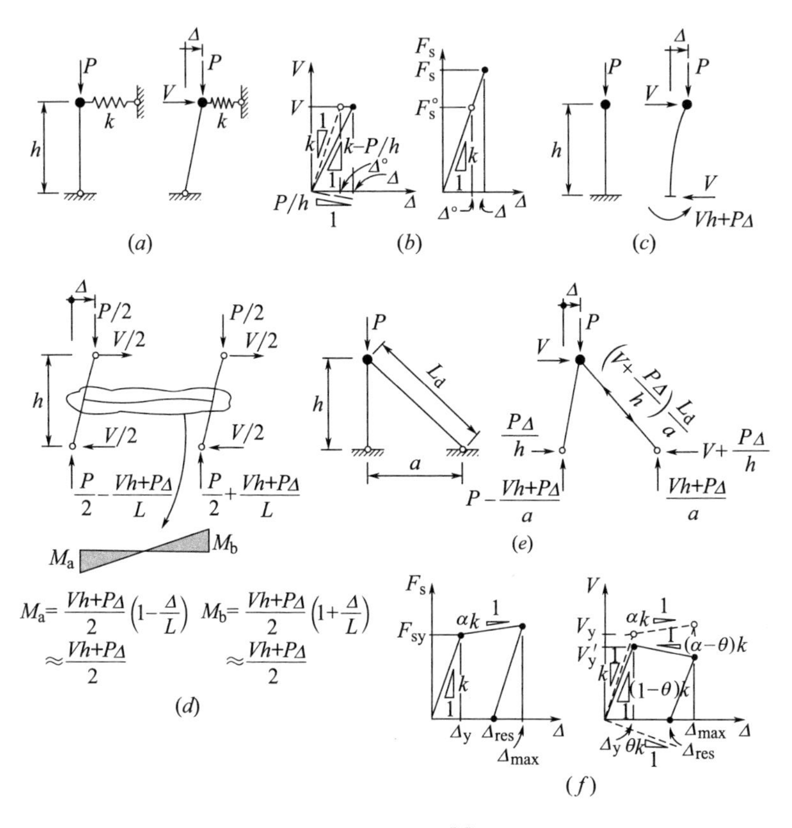

图1 （摘自《金属结构稳定》[5]）静载下 P-Δ 效应

（a）单自由度侧向荷载-抗力模型；（b）侧向荷载下弹性反应；

（c）单自由度悬臂柱模型；（d）抗弯框架；

（e）支撑框架；（f）侧向荷载下非弹性反应

凝土结构，在杆件层面上这一点很难实现，故混凝土结构柱要降低轴压比。对于钢结构，因其应力-应变曲线有一个硬化的过程，α 有一个大于 0 的值，故轴压比可以放宽。

2 地震下的 *P*-*Δ* 效应

重力二阶效应减小结构刚度，且使结构周期延长。对于图 2（a）的结构，周期变为 T'

$$T'=2\pi\sqrt{\frac{W}{gk(1-\theta)}}=\frac{T}{\sqrt{1-\theta}} \tag{5a}$$

$$T=2\pi\sqrt{\frac{W}{gk}} \tag{5b}$$

T 为不考虑 P-Δ 效应的结构周期。

由于 θ 一般小于 0.1，很少超过 0.2，因而这一变化对结构地震反应影响不大。

图 2（b）～（e）为 1994 年美国北岭地震单自由度体系的地震反应。$T=1.0$s，$\xi=5\%$，$\theta=0.1$。

图 2（f），弹性设计谱 EDS，$F_{sy}=0.6W$ 和弹塑性设计谱 IDS，$F_{sy}=0.15W$。

图 2（b），弹性模型 EL，因 $\theta=0.1$，考虑与不考虑 P-Δ 效应两种情况下层间位移比差别不大。

图 2（c），理想弹塑性模型 EP，考虑 P-Δ 效应与否对层间位移比影响大。对比图 2（i），考虑 P-Δ，弹性模型 EP 当 $F_{sy}=0.15W$ 时 V 小于 F_{sy}，且外力 V 随 Δ/h 呈负刚度变化。Δ/h 具有沿结构一侧增大的趋势，直至失稳。双线性模型 BL 可弥补一些 EP 的不足。当应变硬化指数 $\alpha=\theta=0.1$ 时，恰好消除了负刚度（图 2（j）），此时 V 呈水平线，数学上表示不会失稳。

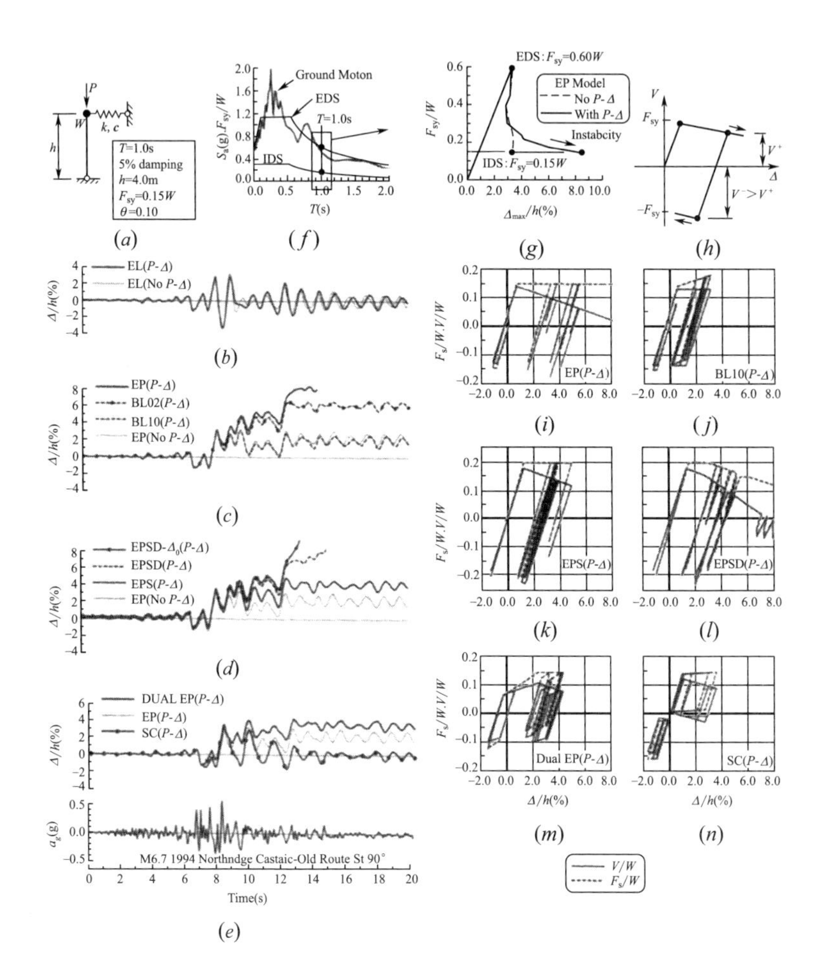

图 2 （摘自《金属结构稳定[5]》）地震作用下 P-Δ 效应

（a）单自由度动力分析模型；（b）～（e）考虑重力和滞回性能效应的层间位移角时程反应；（f）、（g）设计反应谱；（h）理想弹塑性模型（EP）对侧向强度的影响；（i）～（n）具有不同滞回性能的单自由度系统侧向力-变形反应

提高稳定性的另一个方法是提高 F_{sy}。图 2（d）中，模型 EP（No P-Δ）的 $\Delta_{max}=3.3\%h$，因而 $F'_{sy}=1.35F_{sy}$，达到模型 EPS（P-Δ），参见图 2（k）。对比 EP（No P-Δ）和 EPS（P-Δ），可见即使按前者的最大位移增加了 F_{sy}，后者的最大位移比为 4.9%还是高于 3.3%很多，说明动力分析不同于静力，即使考虑了 P-Δ 效应增加了 F_{sy} 也不能弥补弹塑性反应的不足。为此，Bernal（1987）给出了一个加大 F_{sy} 至 F'_{sy} 的公式

$$\varphi=\frac{F'_{sy}}{F_{sy}}=\frac{1+\psi(\mu-1)\theta}{1-\theta} \tag{6}$$

式中 $\psi=1.87$。上式表现出放大系数 φ 随延性系数 μ 加大而增大的趋势。对于 $\theta=0.1$，$\mu=3-6$ 时，$\varphi=1.53-2.15$。

如果基本不考虑 φ 的放大，即按 $\varphi\leqslant1.1$，对于 $\mu=4$，$\theta=0.015$，这显然太严了。

地震下屈服杆件的另一个特性表现为超过一定位移时强度的衰减。图 2（d）、（l）当 EPS 的位移达到 $0.027h$ 时出现这一现象，表现为 EPSD 模型，此时其位移增至 $0.04h$。这一特性加速了结构的倒塌。

具有初位移的结构也表现出对稳定的影响。图 2（d），EPSD-Δ_0 模型。考虑 $h/500$ 的初位移，地震下，结构更易向一个方向变形而出现倒塌。

双重抗侧力体系能增加结构地震下的稳定性。图 2（e）、（m），结构由两个 EP 框架组成，其抗侧强度相同

$F_{sy}=0.077W$，但刚度一个是另一个的 4 倍。刚性框架在 0.58%h 屈服，而柔性框架在 $4\times0.58=2.32\%h$ 屈服。因而在 0.58%～2.32%h 之间，有一个 $\alpha=1/3$（$1\times0.058/3\times0.058=1/3$）的值，这个 α 是“二道防线”引起的，不是材料本身的。这种屈服框架＋后备弹性框架的做法使结构能承受大变形的地震荷载。

一个更好的体系是图 2（e）、（n）的自复位系统。每一个屈服滞回后，系统回到未变形的初始位置。复位系统可由特殊滞回材料组成的构件、结构摇摆或预拉装置实现。与耗能能力强的 EP 相比，自复位系统的滞回曲线呈旗形，因此该系统是通过其复位能力有效地提高其地震下的稳定能力。

3 抗震稳定设计

上节地震下结构 P-Δ 分析表明，地震波的不确定性和结构的复杂性，使得抗震稳定分析比静力稳定愈加复杂。下面是美标的设计方法。

《美荷规》给出结构各层的稳定系数

$$\theta=\frac{P(C_d\Delta)}{Vh_sC_d} \tag{7}$$

式中：

P——楼层总重力荷载；

C_d——弹塑性位移放大系数；

Δ——设计地震下的弹性位移；

V——层剪力；

h_s——层高。

式（7）表明稳定系数是由基于设计地震考虑地震反应修正系数 R 后的弹性计算得出。此时结构在设防地震下的实际弹塑性位移为 $C_d\Delta$。一般来说，$\theta\leqslant1.0$，二阶 P-Δ 效应可忽略；θ 超过 1.0，需考虑二阶 P-Δ 效应。《美荷规》ASCE 7-16 没有指定二阶效应的计算方法，但给出了可采用 $B_2=1/(1-\theta)$ 的放大系数对地震效应进行放大以考虑二阶 P-Δ 效应，并指出该放大系数适用于在目标位移范围内力-位移曲线不存在负刚度的区域。

θ 的上限为

$$\theta_{\max}=\frac{0.5}{\beta C_d}\leqslant 0.25 \tag{8}$$

式中 β 为层剪力需求与剪力能力之比。

如稳定系数 θ 超过 $\theta_{\max}$，结构将在地震下失稳应重新设计。

下面就中美规范的相关规定进行探讨。

《美荷规》抗震设计采用 2/3 大震作为设防地震，引入地震反应修正系数 R 进行弹性反应谱抗震设计，并以此保证大震不倒。

中国《抗规》采用中震作为设防地震，以小震（约 1/3 中震）弹性反应谱进行抗震设计，并以此保证大震不倒。

中美大震设防水准基本相同，基准期为 2000 年左右。

《美荷规》，弹性设计 $=1/R\times2/3$ 大震 $=2/3R$ 大震。

《抗规》，小震设计 $=1/3\times$ 中震 $=1/3\times1/2$ 大震 $=1/6$ 大震。

可见《抗规》小震与《美荷规》$R=4$ 的设防水平相当，$R=4$ 相当于《美荷规》的中等抗弯框架。

式（8），取 $\beta=1$，$C_d=4$（考虑 C_d 约等于 R，则 $C_d=4$ 相当于《抗规》小震），$\theta_{max}=0.125$，二阶效应位移放大系数 $B_2=1/(1-0.125)=1.14$。

对比中国规范，《高规》给出弯剪形结构的稳定设计刚重比限值为 1.4，相当于屈曲因子为 $1.4/0.14=10$，即稳定系数 $\theta=1/10=0.1$。考虑到中国《抗规》的小震近似等于 $R=4$ 的《美荷规》设防水平，而 C_d 近似等于 R，可见《高规》的稳定系数限值 0.1 比美标的 0.125 偏严。

《高钢规》稳定设计刚重比的限值为 0.7，相当于屈曲因子为 5，稳定系数 $\theta=1/5=0.2$。这个数大大高于美标的 0.125，偏于不安全。建议《高钢规》的稳定设计刚重比限值取 1.1，相当于屈曲因子为 $1.1/0.14=7.86$，即稳定系数 $\theta=1/7.86=0.127$，与《美荷规》持平。目前的刚重比计算采用的是荷载设计值，因此这个屈曲因子按荷载标准值考虑为 $1.25\times7.86=10$。

由式（8），令 $\theta_{max}=0.25$，$\beta=1$，可得到 C_d 限值 $C_d=2$，这相当于中国《抗规》的中震不屈服。

由此可见，《美荷规》$R=4$ 与《抗规》小震设计相当。中美的抗震稳定计算，均以弹性结构模型进行分析，屈曲因子（荷载取标准值）取 10 比较合适。大震时，稳定系数限值为 $6\times0.125=0.75$，二阶效应位移放大系数 $B_2=1/(1-0.75)=4$。

对于《抗规》，小震钢结构层间位移限值为 1/250，此时大震层间位移为 $4\times1/250=1/62.5$，小于大震弹塑性限值 1/50。

6.1.1、8.1.1 塑性发展系数

6.1.1 在主平面内受弯的实腹式构件，其受弯强度应按下式计算：

$$\frac{M_x}{\gamma_x W_{nx}}+\frac{M_y}{\gamma_y W_{ny}}\leqslant f \tag{1}$$

式中 γ_x，γ_y 为截面塑性发展系数，按第 6.1.2 条采用。

6.1.2 截面塑性发展系数应按下列规定取值：

当截面板件宽厚比等级为 S4 或 S5 级时，截面塑性发展系数应取为 1.0，当截面板件宽厚比等级为 S1 级、S2 级及 S3 级时，截面塑性发展系数应按下列规定取值：

1 对工字形和箱形截面：

1）工字形截面（x 轴为强轴，y 轴为弱轴）：$\gamma_x=1.05$，$\gamma_y=1.20$；

2）箱形截面：$\gamma_x=\gamma_y=1.05$。

2 其他截面的塑性发展系数可按本标准表 8.1.1 采用。

6.1.1 条文说明：

计算梁的抗弯强度时，考虑截面部分发展塑性变形，因此在计算公式（1）中引进了截面塑性发展系数 γ_x 和 γ_y，其取值原则是截面的塑性发展深度不致过大，

并与《17 钢标》第 8 章压弯构件的计算规定表 8.1.1 相衔接。考虑截面部分发展塑性时，为了保证翼缘不丧失局部稳定，受压翼缘自由外伸宽度与其厚度之比应不大于 $13\varepsilon_k$ 。

8.1.1 弯矩作用在两个主平面内的拉弯构件和压弯构件，其截面强度应符合下列规定：

1 除圆管截面外，其截面强度应按下式计算：

$$\frac{N}{A_n}+\frac{M_x}{\gamma_x W_{nx}}+\frac{M_y}{\gamma_y W_{ny}}\leqslant f \tag{2}$$

8.1.1 条文说明：

在轴心力 N 和弯矩 M 的共同作用下，当截面出现塑性铰时，拉弯或压弯构件达到强度极限，这时 N/N_p 和 M/M_p 的相关曲线是凸曲线（这里的 N_p 是无弯矩作用时全截面屈服的轴力，M_p 是无轴力作用时截面的塑性铰弯矩），其承载力极限值大于按直线公式计算所得的结果。本标准对承受静力荷载或不需验算疲劳的承受动力荷载的拉弯和压弯构件，用塑性发展系数的方式将此因素计入直线公式中。

对比 6.1.1 条文说明可见，受弯构件的塑性发展系数考虑的是截面受力时可进入屈服状态的程度，而拉弯或压弯构件的塑性发展系数考虑的是强度计算相关公式的近似性带来的那部分安全度，这两者考虑的因素是不同的。

6.1.4 局部压应力

第6.1.4条给出了在轮压作用下吊车梁腹板上边缘局部压应力的计算方法。

$$\sigma_c = \frac{\psi F}{t_w l_z} \leqslant f \tag{1}$$

$$l_z = 3.25 \sqrt[3]{\frac{I_R + I_f}{t_w}} \tag{2}$$

或

$$l_z = a + 5h_y + 2h_R \tag{3}$$

式中：

l_z——集中荷载在腹板边缘的分布长度；

I_R——轨道绕自身形心轴的惯性矩；

I_f——梁上翼缘绕翼缘中面的惯性矩；

t_w——梁腹板厚度；

h_R——轨道高度；

h_y——梁顶面至腹板计算高度上边缘的距离；

其余参数含义见《17钢标》。

公式（2）为利用半无限空间的弹性地基梁模型得到的分布长度的近似解析解，由苏联科学家在20世纪40年代中期提出。此式表明，分布长度与I_R和I_f成正比，与 t_w 成反比，这个趋势是合理的。最新的分析表明，弹性地基梁的变形集中在荷载作用点附近很短的一段，应考虑轨道梁的剪切变形，因此改用半无限空间上的 Timoshenko 梁模型更为合理，这时这个系数为 2.83。因此，此时的 3.25 系数，相当于考虑了塑性发展系数 1.148。

公式（3）为分布长度的简化计算公式，直接考虑了轮压在轨道和梁上翼缘应力的扩散。公式（3）中分布长度随 h_y 和 h_R 增加而增加的规律是正确的，但该式未考虑梁腹板厚度 t_w 对分布长度的影响。t_w 的影响规律是随其厚度减小分布长度增加，而 t_w 是随梁翼缘厚度增加而增加的，即时会部分抵消 h_y 增加对分布长度的增加。因此公式（3）与公式（2）反应的规律性并不完全一致。使用时，可认为式（3）是近似公式，式（2）是较准确的公式。

6.2.2 梁整体稳定

本条为受弯构件的整体屈曲。

工字形简支梁 AB（图 1），腹板平面内作用偏心轴向力 P 和横向力 w_y 。

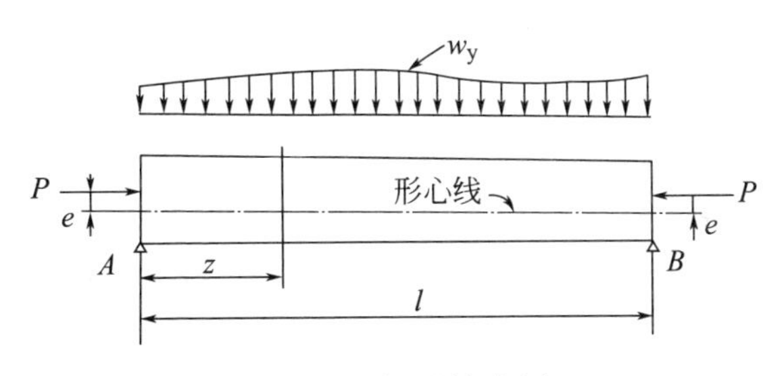

图 1 工字形简支梁

梁的变形见图 2，侧向屈曲的平衡微分方程为

$$EI_y u'' + Pu + M\beta = 0$$

$$E\Gamma\beta^{\mathrm{IV}} + \left(P\frac{I_p}{A} - GK + eP\frac{Z}{I_x}\right)\beta'' - \bar{a}w_y\beta + Mu'' = 0$$

上两式推导过程见参考文献［6］。

上式中 Z 是梁截面的一种性质，如截面对称于 x 轴，则 Z 等于零。

如果没有轴向力 P，则上两式简化为

$$EI_y u'' + M\beta = 0 \tag{1a}$$

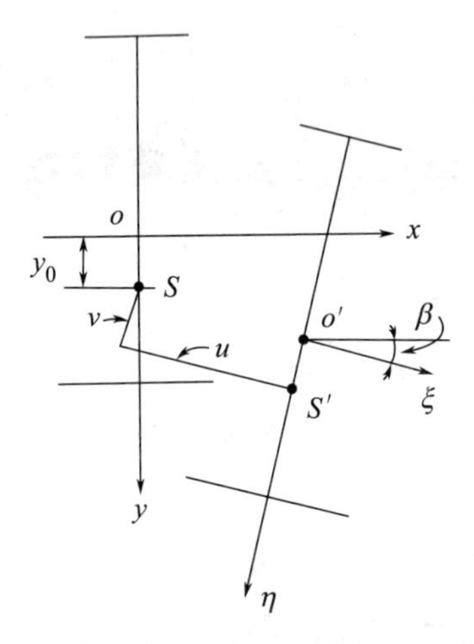

图 2 梁变形图

$$E\Gamma\beta^{\mathrm{IV}}-GK\beta''-\bar{a}w_{\mathrm{y}}\beta+Mu''=0 \qquad (1b)$$

此时变为梁的整体屈曲，式中 M 为作用在腹板平面内的外加弯矩。

由以上两个方程中消去 u，得到扭转角 β 的微分方程

$$E\Gamma\beta^{\mathrm{IV}}-GK\beta''-\left(\bar{a}w_{\mathrm{y}}+\frac{M^2}{EI_{\mathrm{y}}}\right)\beta=0 \qquad (2)$$

$\bar{a}w_{\mathrm{y}}\beta$ 项确定荷载的位置，这一项对临界荷载的影响非常大。

如果外荷载为常弯矩，则式（2）中的 w_{y} 为零，M 为常弯矩，式（2）变为

$$E\Gamma\beta^{\mathrm{IV}}-GK\beta''-\frac{M^2}{EI_{\mathrm{y}}}\beta=0 \qquad (3)$$

这一微分方程具有常系数，可以方便解出。对于跨度 l 的简支梁，梁两端 $\beta=\beta''=0$，临界弯矩为

$$M_{\mathrm{cr}}=\frac{\pi}{l}\sqrt{EI_{\mathrm{y}}GK}\sqrt{1+\pi^{2}\frac{E\Gamma}{l^{2}GK}} \tag{4}$$

如果弯矩不是常数，式（2）没有简单的精确解。

如果在屈曲瞬间，梁的应力超过了比例极限，在这些区域，弹性模量 E 和剪切模量 G 将变为 E_{t} 和 G_{t} 的有效值。与柱非弹性屈曲相比，梁会更复杂些。因梁在不同单元应力是变化的，这使得即使对于进入非弹性的单元，E_{t} 和 G_{t} 也是变化的。这就使得梁的非弹性屈曲问题变得复杂，不易通过推理的方法解决。

如果梁中每个单元的 E 和 G 都按减小到 $E_{\mathrm{t}}=E\tau$ 和 $G_{\mathrm{t}}=G\tau$ 取值，这里的 τ 与梁中最大压应力相对应，就可以得到临界荷载的下限解。此时，临界荷载可由式（2）求出，新的临界荷载或应力等于弹性屈曲时的数值乘以 τ。

《17 钢标》第 6.2.2 条中式（6.2.2）给出了受弯构件整体稳定验算公式：

$$\frac{M_{\mathrm{x}}}{\varphi_{\mathrm{b}}W_{\mathrm{x}}f}\leqslant 1.0$$

整体稳定系数 φ_{b} 的计算方法见《03 钢规》4.2.2 条的条文说明。该条文说明指出，根据弹性稳定理论，在最大刚度主平面内受弯的单轴对称工字形截面简支梁的临界弯矩和整体稳定系数为

$$\varphi_b=\frac{M_{cr}}{W_x f_y}$$

$$M_{cr}=\beta_1\frac{\pi^2 EI_y}{l^2}\left[\beta_2 a+\beta_3 B_y+\sqrt{(\beta_2 a+\beta_3 B_y)^2+\frac{I_w}{I_y}\left(1+\frac{l^2 GJ}{\pi^2 EI_w}\right)}\right] \tag{5}$$

$$B_y=\frac{1}{2I_x}\int_A y(x^2+x^2)\,dA-y_0 \tag{6}$$

式中 β_1、β_2、β_3 为随荷载类型而异的系数，见表 1。$y_0=-(I_1 n_1-I_2 n_2)I$ 。

不同荷载类型的 β_1、β_2、β_3　　　　表 1

荷载类型	β_1	β_2	β_3
跨度中点集中荷载	1.35	0.55	0.40
满跨均布荷载	1.13	0.46	0.53
纯弯曲	1.00	0	1.00

前面说过，如果弯矩不是常数，式（2）没有简单的精确解。《17 钢标》梁的整体稳定计算公式（5）可以看成对一般横向荷载的近似结果。

纯弯矩情况下，$\beta_1=\beta_3=1$，$\beta_2=0$，对于双轴对称截面 $B_y=0$，此时，式（5）为

$$M_{cr}=\frac{\pi^2 EI_y}{l^2}\sqrt{\frac{I_w}{I_y}\left(1+\frac{l^2 GJ}{\pi^2 EI_w}\right)} \tag{7}$$

比较式（4）和式（7），注意到符号的对应关系，

K 为自由扭转常数，即 J；

Γ 为常数，即扇性惯性矩 I_{w}。

代入式（7），得到

$$M_{\mathrm{cr}}=\frac{\pi^2 EI_{\mathrm{y}}}{l^2}\sqrt{\frac{\Gamma}{I_{\mathrm{y}}}\left(1+\frac{l^2GK}{\pi^2 E\Gamma}\right)}=\frac{\pi}{l}\sqrt{EI_{\mathrm{y}}GK}$$

$$\sqrt{EI_{\mathrm{y}}\frac{\Gamma}{I_{\mathrm{y}}}\frac{1}{GK}\frac{\pi^2}{l^2}}\sqrt{1+\frac{l^2GK}{\pi^2 E\Gamma}}$$

$$=\frac{\pi}{l}\sqrt{EI_{\mathrm{y}}GK}\sqrt{1+\pi^2\frac{E\Gamma}{l^2GK}} \tag{8}$$

即为公式（4）。

《17钢标》在附录C给出了梁的整体稳定系数的计算公式。整体稳定系数 φ_{b} 的计算方法见《03钢规》4.2.2条的条文说明，下面将单轴或双轴对称等截面焊接工字形和轧制H型钢简支梁 φ_{b} 的计算方法简述如下。

梁的整体稳定系数 φ_{b} 为临界应力与钢材屈服点的比值。影响临界应力的因素包括：①截面形状；②荷载类型及其作用点位置；③跨中有无侧向支承和端部支承情况；④初挠度、初偏心和残余应力；⑤各截面塑性发展情况；⑥钢材性能等。因实际工程的多样性，附录C只列出了一些典型情况，具体应用时应按最接近的情况采用。典型荷载分为满跨均布荷载和跨度中点一个集中荷载，分别考虑荷载作用在梁的上翼缘或下翼缘，以及梁端承受不同端弯矩共五种情况。同时考虑了跨中有无

侧向支承两种情况。典型截面形状为双轴对称工字形截面和热轧 H 型钢、加强受压翼缘和加强受拉翼缘的单轴对称工字形截面几种情况。实际梁中存在的初始缺陷将降低梁的整体稳定临界应力。由于考虑初始缺陷将使整体稳定系数的计算变得十分复杂，因此，在按弹性阶段计算的整体稳定系数 φ_b 中未考虑初始缺陷的影响，同时也不考虑实际梁端支承存在的约束作用，一律按简支端考虑并可以此来适当补偿未考虑初始缺陷的不足。

（1）弹性阶段整体稳定系数 φ_b

弹性阶段的整体稳定系数按式（5）考虑，这里进行简化处理如下。

1）选取纯弯情况，并做两点假定：

(a) 对于常用截面尺寸，式（6）中积分项与 y_0 比，可以忽略，则

$$B_y \approx -y_0 = -\frac{h}{2}\frac{I_1 - I_2}{I_y} = \frac{h}{2}(2\alpha_b - 1) = 0.5\eta_b h \quad (9)$$

式中

$$\alpha_b = \frac{I_1}{I_1 + I_2} = \frac{I_1}{I_y}$$

$$\eta_b = 2\alpha_b - 1 = \frac{I_1 - I_2}{I_y}$$

对加强受压翼缘的单轴对称工字形截面，$B_y \approx 0.4\eta_b h$，由此对这种截面取 $\eta_b = 0.8(2\alpha_b - 1)$。加强受拉翼缘，$\eta_b = 2\alpha_b - 1$。双轴对称截面，$\eta_b = 0$。

(b) 扭转惯性矩可简化为

$$J=\frac{1.25}{3}(b_1t_1^3+b_2t_2^3+h_0t_w^3)\approx\frac{1}{3}(b_1t_1+b_2t_2+h_0t_w)t_1^2$$

$$=\frac{1}{3}At_1^2 \tag{10}$$

式中：t_1 为受压翼缘厚度。上式的简化可看作取 $t_1=t_2=t_w$。梁截面中受压翼缘厚度 t_1 常为最大，取三者相等将使 J 值加大，取消系数 1.25 作为补偿以减小误差。

将式（9）、式（10）和 $I_w=\frac{I_1I_2}{I_y}h^2=\alpha_b(1-\alpha_b)I_yh^2$ 及 $f_y=235\text{N/mm}^2$、$E=2.06\times10^5\text{N/mm}^2$ 和 $G=7.9\times10^4\text{N/mm}^2$ 代入公式（5），即可求得纯弯曲时的整体稳定系数为：

$$\varphi_b=\frac{4320}{\lambda_y^2}\frac{Ah}{W_x}\left[\sqrt{1+\left(\frac{\lambda_yt_1}{4.4h}\right)^2}+\eta_b\right] \tag{11}$$

式中：λ_y 为梁对 y 轴的长细比，当采用其他钢材时，可乘 $235/f_y$ 予以修正。

2）当梁上承受横向荷载时，可乘以 β_b 予以修正。

β_b 为根据公式（5）求得的横向荷载作用时的 φ_b 值与公式（11）的 φ_b 值的比值。根据较多的常用截面尺寸电算分析和数理统计，发现满跨均布荷载和跨度中点一个集中荷载（分别作用在梁的上翼缘和下翼缘）等四种荷载情况下的加强上翼缘单轴对称工字梁和双轴对称工字 梁，比值 β_b 的变化有规律性，当 $\xi=\frac{l_1t_1}{b_1h}\leqslant2$，$\beta_b$

与ξ间为线性关系，当$\xi>2$时，β_b变化不大，可近似取为常数，如图 3 所示。不同截面，随着$\alpha_b=\dfrac{I_1}{I_1+I_2}$变化，图 3 中的$\beta_b$方程也将不同。

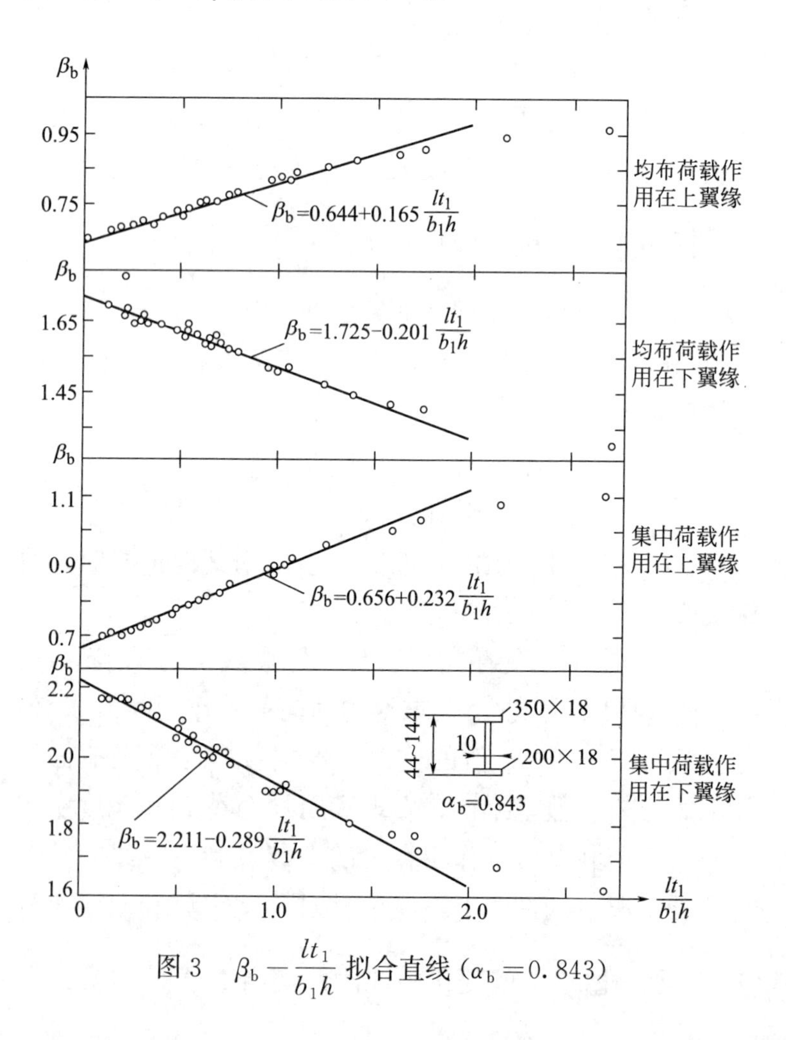

图 3　$\beta_b-\dfrac{lt_1}{b_1h}$ 拟合直线（$\alpha_b=0.843$）

《17 钢标》附录 C 表 C.0.1 中项次 1～4 所给出的 β_b 是通过大量计算分析后所取用的平均值。

对跨中有侧向支承的梁，其整体稳定系数 β_b 按跨中有等间距的侧向支承点数目、荷载类型及其在截面上的作用点位置，分别用能量法求出各种情况下梁的 φ_b 和相应情况下（不考虑侧向支承点）承受纯弯曲的 φ_b，前者和后者的比值取为 β_b。不同 α_b 时的 β_b 见《03 钢规》第 4.2.2 条表 6，然后选用适当的比值作为表 C.0.1 中第 5～9 项的 β_b 值，适用于任何单轴对称和双轴对称工字形截面。在推导 β_b 时，假定侧向支承点处梁截面无侧向转动和侧向位移。

当跨中无侧向支承的梁两端承受不等弯矩作用时，可直接应用 Salvadori[7] 建议的修正系数公式，即表中第 10 项的 β_b：

$$\beta_b = 1.75 - 1.05\left(\frac{M_2}{M_1}\right) + 0.3\left(\frac{M_2}{M_1}\right)^2 \leqslant 2.3$$

（2）非弹性阶段整体稳定系数 φ_b

梁屈曲时，如果应力超过了比例极限，梁的整体屈曲为弹塑性屈曲。上述公式的推导是基于梁截面应力处于弹性阶段，而中等跨度的梁整体失稳时往往处于弹塑性阶段。在焊接梁中，由于焊接残余应力很大，开始加载后梁就可能进入弹塑性工作阶段，因此《17 钢标》附录 C 规定当按公式（C.0.1－1）算得的 φ_b 大于 0.6 时，应按公式（C.0.1－7）计算相应的弹塑性阶段的整体稳

定系数 φ_b' 来代替 φ_b，这是因为梁在弹塑性工作阶段的整体稳定临界应力将有明显降低之故。所列出的弹塑性整体稳定系数 φ_b' 曲线，见图 4。

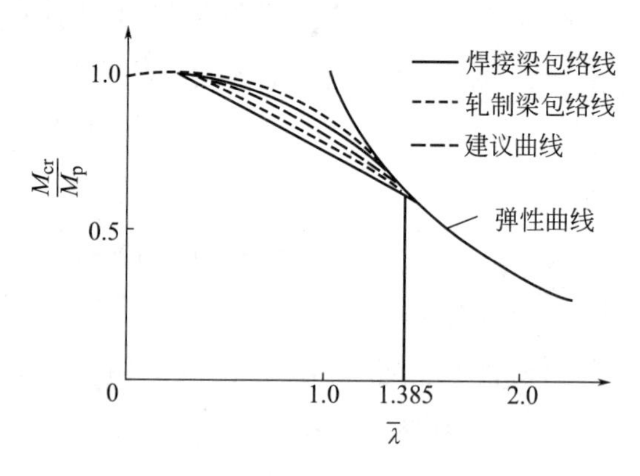

图 4　建议曲线和包络线

图 4 是根据双轴对称焊接和轧制工字形截面简支梁承受纯弯曲的理论和试验研究得出的，研究中考虑了包括初弯曲、加载初偏心和残余应力等初始缺陷的等效残余应力的影响，所提曲线可用于《17 钢标》附录图 C.0.1 中所示的几种截面。根据纯弯曲所得的 φ_b' 用于跨间有横向荷载的情况，结果将偏于安全。$\varphi_b > 0.6$ 时方需用 φ_b' 代替，是因为所得的非弹性 φ_b' 曲线刚好在 $\varphi_b = 0.6$ 时与弹性的 φ_b 曲线相交，使 $\varphi_b = 0.6$ 成为弹性与非弹性整体稳定的分界点，不能简单理解为钢材的比例极限等于 $0.6f_y$。

6.2.7 畸变屈曲

框架梁梁端为负弯矩，下翼缘受压，当钢梁上有混凝土楼板时，下翼缘可能发生畸变屈曲。

畸变屈曲不同于梁的整体屈曲。梁的整体屈曲为梁受压翼缘沿梁平面外屈曲带动梁产生整体弯扭失稳，此时翼缘与腹板交线的夹角不变。畸变屈曲表现为梁受压下翼缘以腹板为弹性支座的整体失稳，此时翼缘与腹板交线的夹角可变。

畸变屈曲也不同于局部屈曲。后者为板的局部面外屈曲，限制板件宽厚比可以防止这种屈曲。

当正则化长细比 $\lambda_{n,b} \leqslant 0.45$ 时，稳定系数 φ_d 接近 0.9。考虑梁强度计算时有一个塑性发展系数 γ_x，可以认为此时基本满足《17 钢标》式（6.2.7-1）。

不满足公式（6.2.7-1）时，可在梁端设置隅撑。因隅撑可能有碍建筑布置，《17 钢标》给出了在梁端设置横向加劲肋的做法。此时，加劲肋连接上翼缘并带动楼板为下翼缘提供支承，能避免梁的畸变屈曲。横向加劲肋仅在梁端负弯矩区设置即可。

对于抗震设计，因要保证框架梁端的塑性发展，对于延性等级Ⅰ～Ⅲ级的工字形梁，第 17.3.4 条第 2 款 2）对梁的正则化长细比 $\lambda_{n,b}$ 给出了更为严格的要求。

7.2.1 轴压杆稳定

本条有关公式的推导参见参考文献［6］。

轴心受压杆件屈曲的微分方程为

$$E\tau I_{y}u^{\mathrm{IV}}+\sigma Au''+\sigma Ay_{0}\beta''=0 \tag{1a}$$

$$E\tau I_{x}v^{\mathrm{IV}}+\sigma Av''-\sigma Ax_{0}\beta''=0 \tag{1b}$$

$$\sigma Ay_{0}u''-\sigma Ax_{0}v''+E\tau\Gamma\beta^{\mathrm{IV}}+(\sigma I_{\mathrm{P}}-G\tau K)\beta''=0 \tag{1c}$$

以上三个方程是轴压杆屈曲联立方程组的最一般形式。每个方程是四阶的，通解包含 3×12 个常数。

式（1）适用于任何形式的支承情况，可用于铰接、固结和悬臂的柱。一般来说，与 u，v，β 及其导数无冲突的边界条件是允许的。

1 截面形心与剪心重合的构件

对于具有两个对称轴或对称点的截面，剪力中心与形心重合，将 $x_0=0$，$y_0=0$ 代入式（1），得

$$E\tau I_{y}u^{\mathrm{IV}}+\sigma Au''=0 \tag{2a}$$

$$E\tau I_{x}v^{\mathrm{IV}}+\sigma Av''=0 \tag{2b}$$

$$E\tau\Gamma\beta^{\mathrm{IV}}+(\sigma I_{\mathrm{P}}-G\tau K)\beta''=0 \tag{2c}$$

每个方程只包含一个未知量，前两个方程对应沿 x

轴和 y 轴的弯曲屈曲，第三个方程为绕 z 轴的扭转屈曲。

1）弯曲屈曲

解式（2a）、式（2b），轴压杆两端按铰接，可得到沿 x 轴和 y 轴的弯曲屈曲临界应力

$$\sigma_{x}=\frac{\pi^{2}E\tau}{(l/r_{y})^{2}} \tag{3a}$$

$$\sigma_{y}=\frac{\pi^{2}E\tau}{(l/r_{x})^{2}} \tag{3b}$$

式（3）为完善欧拉杆沿两个主轴方向的临界应力公式，也即柱子曲线，适用于弹性和非弹性范围。

实际的钢压杆存在着几何缺陷和物理缺陷。几何缺陷包括杆件的初挠曲、荷载的初偏心，物理缺陷包括残余应力。采用公式（3），弹性阶段用欧拉公式、弹塑性阶段用切线模量理论求出临界应力，初弯曲、初偏心、残余应力用安全系数考虑。

我国《74 钢规》用的就是这种形式，所不同的是柱子曲线采用试验方法得到。但随着截面种类的增多及残余应力的存在及其复杂性，用单一的安全系数难以确定临界应力。因此，从《88 钢规》开始，采用考虑初始缺陷，按偏压杆计算临界力的方法确定柱子曲线。

我国钢结构设计规范轴心受压构件的稳定系数 φ，是按柱的最大强度理论用数值方法算出大量 φ-λ 曲线（柱子曲线）归纳确定的。计算时考虑了截面的不同形

式和尺寸，不同的加工条件及相应的残余应力图式，并考虑了1/1000杆长的初弯曲。《88钢规》，选择96条曲线作为确定φ值的依据，并按承载能力相近的截面及其弯曲失稳对应轴合为一类，归纳为a、b、c三类，每类柱子曲线的平均值（即50%分位值）作为代表曲线。

板件厚度$t\geqslant40$mm的构件，残余应力不但沿板宽度方向变化，在厚度方向的变化也比较显著。板件外表面往往以残余压应力为主，对构件稳定的影响较大。因此，《03钢规》对板件厚度$t\geqslant40$mm的工字形、H形截面和箱形截面的类别作了专门规定，增加了d类截面的φ值。

由此得到稳定系数为φ：（有关这部分的详细推导见参考文献［8］）。

$$\varphi=\frac{1}{2\lambda_{n}^{2}}\left[(\alpha_{2}+\alpha_{3}\lambda_{n}+\lambda_{n}^{2})-\sqrt{(\alpha_{2}+\alpha_{3}\lambda_{n}+\lambda_{n}^{2})^{2}-4\lambda_{n}^{2}}\right]$$

以上适用于正则化长细比$\lambda_{n}=\frac{\lambda}{\pi}\sqrt{f_{y}/E}>0.215$的情况。

当$\lambda_{n}\leqslant0.215$时（相当于$\lambda\leqslant20\sqrt{235/f_{y}}$），采用另一条曲线表示

$$\varphi=1-\alpha_{1}\lambda_{n}^{2}$$

系数α_{1}、α_{2}、α_{3}见《17钢标》表D.0.5。

由此可见，对于双轴对称截面，轴压杆件存在着沿两个主轴方向的弯曲屈曲，稳定计算按《17钢标》式

(7.2.1) 进行，即

$$\frac{N}{\varphi Af}\leqslant 1.0$$

稳定系数 φ 系考虑初始缺陷按压弯杆件弯曲屈曲临界力确定，适用于弹性区和弹塑性区。计算时，由《17 钢标》式（7.2.2-1）、式（7.2.2-2）得到杆件在两个主轴方向的弯曲屈曲长细比，并用较大长细比按式（7.2.1）验算杆件的稳定。

2）扭转屈曲

解式（2c），轴压杆两端按铰接，可得绕 z 轴的扭转屈曲临界应力

$$\sigma_{\beta}=\frac{\pi^2 E\tau}{(l/r_{\beta})^2} \tag{4}$$

其中换算回转半径 r_{β} 为

$$r_{\beta}=\sqrt{\frac{\Gamma}{I_{p}}+\frac{G}{\pi^2 E}\frac{l^2 K}{I_{p}}}=\sqrt{\frac{\Gamma}{I_{p}}+0.0390\frac{l^2 K}{I_{p}}} \tag{5}$$

换算长细比为

$$\frac{l}{r_{\beta}}=\frac{l}{\sqrt{\frac{\Gamma}{I_{p}}+0.0390\frac{l^2 K}{I_{p}}}}=\sqrt{\frac{I_{p}}{\frac{K}{25.64}+\frac{\Gamma}{l^2}}} \tag{6}$$

与《17 钢标》对比，式中：

I_{p}——极惯性矩，即 I_{0}；

l——扭转屈曲的计算长度，即 l_{w}；

K——自由扭转常数，即 I_{t}，对于矩形条组成的

开口截面，$K=\sum\frac{1}{3}dt^{3}$；

Γ 为常数，即扇性惯性矩 I_{w}；

$\frac{l}{r_{\beta}}$ 为换算长细比，即 λ_{z}。

$$\lambda_{z}=\sqrt{\frac{I_{0}}{\frac{I_{t}}{25.64}+\frac{I_{w}}{l_{w}^{2}}}} \tag{7}$$

即《17 钢标》的式（7.2.2-3）。

上述扭转屈曲的公式来自式（2c）的解，适用于弹性区和非弹性区。因此，柱的临界应力应为 σ_{x}，σ_{y}，σ_{β} 中最低的一个。大多数情况下，r_{β} 大于 r_{y}，因而柱将发生弯曲屈曲。对于常用的工字形截面，扭转屈曲不会显著降低临界应力，只有当长度 l 较短且翼缘很宽时，r_{β} 才可能会比 r_{y} 略小一些，这时柱将产生扭转屈曲。但对于其他类型的双轴对称截面，如十字形截面，扭转屈曲可能起控制作用。

对于完善杆，由式（6）、式（4）和式（3）可知，扭转屈曲的临界应力等同于长细比为 λ_{z} 的弯曲屈曲的临界应力。因此，《17 钢标》在此利用了这个概念做了一个转换，即由式（7.2.2-3）算出扭转屈曲的长细比 λ_{z} 后，将扭转屈曲的临界应力问题转化为弯曲屈曲的临界应力问题，由换算长细比 λ_{z} 按《17 钢标》公式（7.2.1）求解，这样，即考虑了初始缺陷，又同时适用于弹性和弹塑性区，虽然这种转换因其精确度无从考证而显得有些牵强。

2 截面为单轴对称的构件

对于具有一个对称轴截面的柱，比如 y 轴对称，此时 $x_0=0$，则式（1）成为

$$E\tau I_y u^{\mathrm{IV}}+\sigma A u''+\sigma A y_0 \beta''=0 \tag{8a}$$

$$E\tau I_x v^{\mathrm{IV}}+\sigma A v''=0 \tag{8b}$$

$$\sigma A y_0 u''+E\tau \Gamma \beta^{\mathrm{IV}}+(\sigma I_p-G\tau K)\beta''=0 \tag{8c}$$

第二个式子为在 y 轴方向的微分方程，临界力为

$$\sigma_y=\frac{\pi^2 E\tau}{(l/r_x)^2} \tag{9}$$

第一式和第三式包含 u，β，不包含 v，说明在 x 方向屈曲时，伴随着扭转发生，即此时的屈曲为弯扭屈曲，这时通常的弯曲屈曲的理论是不适用的。铰接柱且端部不发生扭转，解微分方程式（8a）和式（8c），可得弯扭屈曲临界应力为

$$\sigma_{x\beta}=\frac{\pi^2 E\tau}{(l/r_e)^2} \tag{10}$$

弯扭屈曲的换算回转半径 r_e 由下式确定

$$\left(1-\frac{r_y^2}{r_e^2}\right)\left(1-\frac{r_\beta^2}{r_e^2}\right)-\frac{A y_0^2}{I_p}=0 \tag{11}$$

引入关系式

$$\lambda_{yz}=\frac{l}{r_e},\ \lambda_y=\frac{l}{r_y},\ \lambda_z=\frac{l}{r_\beta},\ y_s=y_0,\ i_0^2=\frac{I_p}{A} \tag{12}$$

得到

$$(\lambda_{yz}^2)^2-(\lambda_y^2+\lambda_z^2)\lambda_{yz}^2+\left(1-\frac{y_s^2}{i_0^2}\right)\lambda_y^2\lambda_z^2=0 \quad (13)$$

式（13）有两个正根 r_e，一个小于 r_y 和 r_β，这个 r_e 即对应着弯扭屈曲。故对于单轴对称截面，由于 r_e 永远小于 r_y 和 r_β，因此沿 x 轴方向只能发生弯扭屈曲。沿 y 轴方向可能发生弯曲屈曲。因此该类杆件的屈曲由 r_e 和 r_x 确定，哪个方向的回转半径小，或者更准确地说换算长细比大，沿哪个方向屈曲。

式（13）较小的根 r_e，对应着较大的 λ_{yz} 即为临界应力，这个式子即《17 钢标》求解弯扭屈曲临界应力时用到的换算长细比 λ_{yz}，见《17 钢标》公式（7.2.2-4）。

上述弯扭屈曲的公式来自式（8a）和式（8c）的解，适用于弹性区和非弹性区。对于完善杆，由式（10）、式（9）和式（12）可知，弯扭屈曲的临界应力等同于长细比为 λ_{yz} 的弯曲屈曲的临界应力。因此，《17 钢标》在此利用这个概念做了一个转换，即由式（7.2.2-4）算出弯扭屈曲的长细比 λ_{yz} 后，将弯扭屈曲的临界应力问题转化为弯曲屈曲的临界应力问题，由换算长细比 λ_{yz} 按《17 钢标》公式（7.2.1）求解，这样，即考虑了初始缺陷，又同时适用于弹性和弹塑性区，虽然这种转换因其精确度无从考证而显得有些牵强。

7.2.3 格构柱

本条有关公式的推导参见参考文献［6］。

1 双肢格构缀条柱

简支缀条柱（图 1），挠曲线为半个正弦波。弹性体系从稳定平衡状态过渡到不稳定平衡状态满足下列能量条件：

$$V-W=0 \tag{1}$$

V 为挠曲应变能，W 为挠曲使外力作用点发生位移而做的功。如图 1，假设

（1）应变能 V

$$V=\frac{P_{c}^{2}f^{2}l}{4}\left(\frac{1}{E_{t}I_{0}}+\frac{d^{3}}{ch^{2}}\frac{\pi^{2}}{l^{2}}\frac{1}{EA_{d}}+\frac{h}{c}\frac{\pi^{2}}{l^{2}}\frac{1}{EA_{b}}\right) \tag{2}$$

（2）外力功 W

$$W=P_{c}\frac{\pi^{2}f^{2}}{4l} \tag{3}$$

将式（2）、式（3）代入式（1），得到

$$\frac{\pi^{2}}{l}-P_{c}l\left(\frac{1}{E_{t}I_{0}}+\frac{d^{3}}{ch^{2}}\frac{\pi^{2}}{l^{2}}\frac{1}{EA_{d}}+\frac{h}{c}\frac{\pi^{2}}{l^{2}}\frac{1}{EA_{b}}\right)=0$$

临界荷载为

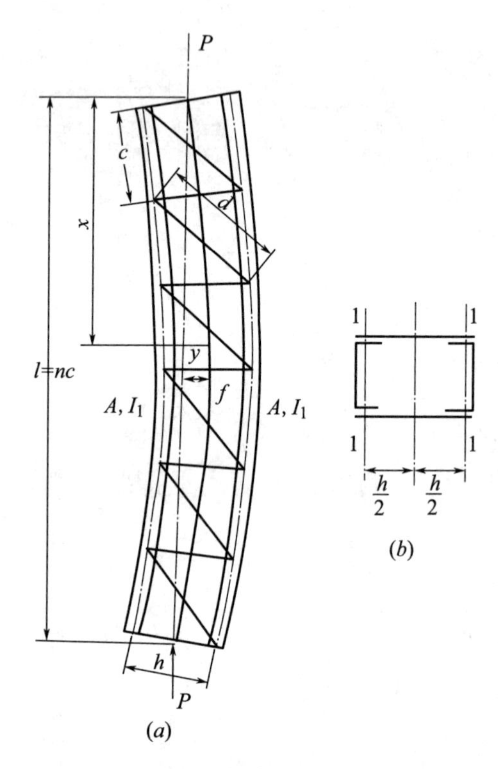

图 1　缀条柱之一

$$P_c=\frac{\pi^2 E_t I_0}{l^2}\frac{1}{1+\frac{\pi^2 E_t I_0}{l^2}\frac{1}{Ech^2}\left(\frac{d^3}{A_d}+\frac{h^3}{A_b}\right)} \tag{4}$$

如果缀条是刚性的，$A_d=A_b=\infty$，由式（4）得到临界荷载 $P_c=\frac{\pi^2 E_t I_0}{l^2}$，为惯性矩 $I_0=\frac{Ah^2}{2}$ 的柱的临界荷载。柱的真实惯性矩为

$$I=I_0+2I_1 \tag{5}$$

因此式（4）第一项中用 I 代替 I_0，得到

$$P_{\mathrm{c}}=\frac{\pi^2 E_{\mathrm{t}} I}{(kl)^2} \tag{6}$$

$$k=\sqrt{1+\frac{\pi^2 E_{\mathrm{t}} I_0}{l^2}\frac{1}{Ech^2}\left(\frac{d^3}{A_{\mathrm{d}}}+\frac{h^3}{A_{\mathrm{b}}}\right)} \tag{7}$$

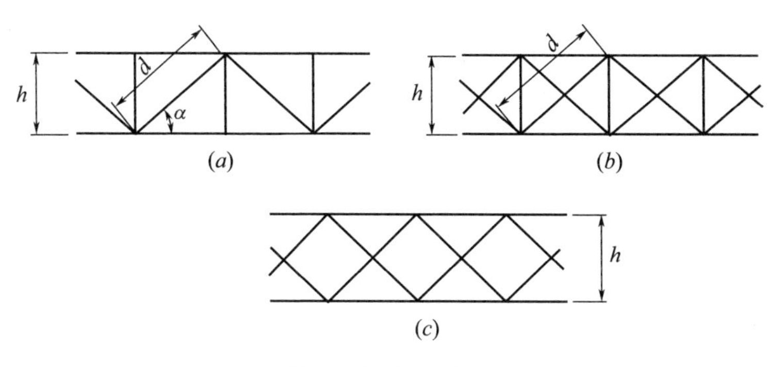

图 2 缀条柱之二

式（7）适用于图 1 的缀条形式，对于图 2（a）的缀条形式，k 为

$$k=\sqrt{1+\frac{\pi^2 E_{\mathrm{t}} I_0}{l^2}\frac{d^3}{Ech^2 A_{\mathrm{d}}}} \tag{8}$$

双缀条图 2（b）、（c）情况

$$k=\sqrt{1+\frac{\pi^2 E_{\mathrm{t}} I_0}{l^2}\frac{d^3}{2Ech^2 A_{\mathrm{d}}}} \tag{9}$$

对于图 2（a）所示缀条柱，其临界力由式（6）确定，式中 k 由式（8）得出，即构格柱的临界力等效于计算长度为 kI、惯性矩为 I_0（此时 I 换回 I_0）的实腹

柱的临界力。

$$P_c = \frac{\pi^2 E_t I_0}{l^2 (1 + \frac{\pi^2 E_t I_0}{l^2} \frac{d^3}{Ech^2 A_d})} \tag{10}$$

令

$$P = \frac{\pi^2 E_t I_0}{l^2} \tag{11}$$

则

$$P_c = \frac{P}{1 + P \frac{d^3}{Ech^2 A_d}} \tag{12}$$

令 $S = EA_d \frac{ch^2}{d^3}$ 为缀条的抗剪刚度，即产生单位剪切角所需的剪力。则

$$P_c = \frac{P}{1 + P/S} \tag{13}$$

将 $P = 2A \frac{\pi^2 E_t}{\lambda^2}$，$P_c = 2A \frac{\pi^2 E_t}{\lambda_c^2}$，代入上式，可得换算长细比 λ_c 为

$$\lambda_c = \lambda \sqrt{1 + P/S} \tag{14}$$

注意到 $\frac{ch^2}{d^3} = \sin^2\alpha\cos\alpha$，并用 $\pi^2/27$ 代替 $\sin^2\alpha\cos\alpha$，得到

$$\lambda_c = \sqrt{\lambda^2 + \frac{27(2A)}{A_d} \frac{E_t}{E}} \tag{15}$$

弦杆处于弹性阶段，$E_t=E$，上式即为《17 钢标》式（7.2.3-2）。

上述弯曲屈曲公式适用于弹性区和非弹性区。对于完善杆，由式（15）、式（20）得到的格构柱的弯曲屈曲的临界应力等同于计算长度为 kl 的由式（6）得到的实腹柱弯曲屈曲的临界应力。因此，《17 钢标》在此利用了这个概念做了一个转换，即由式（7.2.3-2）等效长细比代入式（7.2.1）求出格构柱的临界应力，此时也含初始缺陷及残余应力，并适用于弹性和弹塑性区。

2 双肢格构缀板柱

缀板柱（图 3），可按矩形框架将该结构简化成横梁中点和弦杆中点均产生反弯点的静定结构，见图 3。

假定柱挠曲后为半个正弦波，由能量平衡方程（1）可得

$$\frac{\pi^2}{l}-P_c\left(\frac{l}{E_tI_0}+\frac{\pi^2}{24}\frac{c^2}{E_tI_1l}+\frac{\pi^2}{12}\frac{ch}{EI_bl}\right)=0$$

由上式

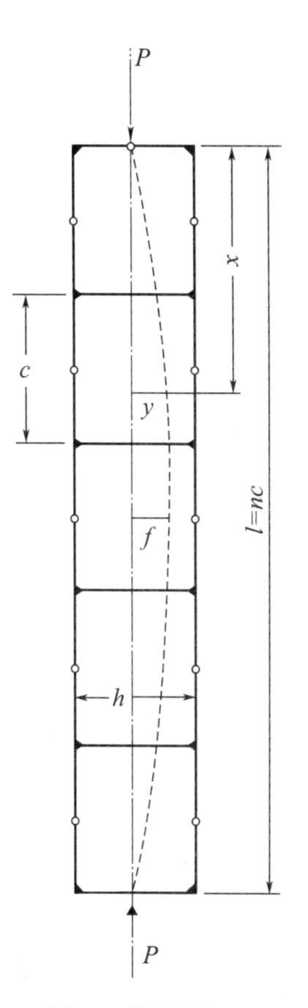

图 3 缀板柱

$$P_c=\frac{\pi^2 E_t I_0}{l^2}\frac{1}{1+\frac{\pi^2}{24}\frac{I_0}{I_1}\left(\frac{c}{l}\right)^2+\frac{\pi^2 E_t I_0}{l^2}\frac{ch}{12EI_b}} \tag{16}$$

在分子中用柱的惯性矩 $I=I_0+2I_1$ 代替 I_0，这样就计入了前面分析中未考虑的弦杆弯曲刚度。则 P_c 可表示成

$$P_c=\frac{\pi^2 E_t I}{(kl)^2} \tag{17}$$

式中

$$k=\sqrt{1+\frac{\pi^2}{24}\frac{I_0}{I_1}\left(\frac{c}{l}\right)^2+\frac{\pi^2}{12}\frac{I_0}{I_b}\frac{ch}{l^2}} \tag{18}$$

式（18）最后一项中，$\frac{E_t}{E}$ 用 1 代替，这一简化使 k 略大；第二项与弦杆的刚度有关；最后一项与缀板的弯曲刚度有关，通常远小于前两项，可不考虑。

式（18）两边乘以柱长细比 $\frac{l}{r}\left(r=\sqrt{\frac{I}{2A}}\right)$ 并略去最后一项，得

$$\frac{kl}{r}=\sqrt{\left(\frac{l}{r}\right)^2+\frac{\pi^2}{24}\frac{I_0}{I_1}\left(\frac{c}{l}\right)^2}$$

第二项中用 $\frac{2A}{I}$ 代替 $\frac{1}{r^2}$，$\frac{I_0}{I_1}$ 近似取 1，并引入弦杆回转半径 $r_1=\sqrt{\frac{I_1}{A}}$，则上式为

$$\frac{kl}{r}=\sqrt{\left(\frac{l}{r}\right)^{2}+\frac{\pi^{2}}{12}\left(\frac{c}{r_{1}}\right)^{2}} \tag{19}$$

式中 $\frac{c}{r_1}$ 为弦杆的长细比，将 12 减小为 π^2，以补偿一些忽略的次要因素，则

$$\frac{kl}{r}=\sqrt{\left(\frac{l}{r}\right)^{2}+\left(\frac{c}{r_{1}}\right)^{2}} \tag{20}$$

此式即为《17 钢标》式（7.2.3-1）。

同缀条柱，格构柱的临界应力由式（7.2.3-2）的等效长细比代入式（7.2.1）求出，此时已含初始缺陷及残余应力，并适用于弹性和弹塑性区。

8.2.1（1） 偏压杆平面内稳定

本条有关内容见参考文献［6］。

1 偏压杆屈曲理论解

偏压柱，受压力 P，偏心距 e，平均应力 $\sigma_0 = P/A$ 与柱子中点挠度 y_m 之间的关系曲线，见图 1。

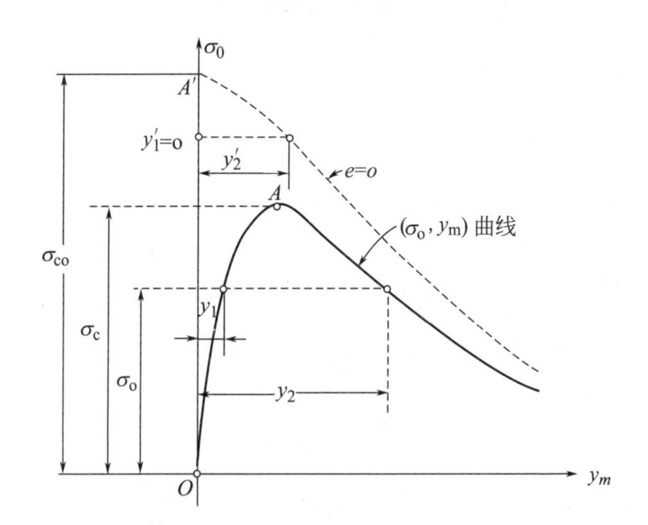

图 1 偏压柱 σ_o-y_m 关系曲线

图 1 表现出偏压柱弹塑性工作性质的典型曲线。相应于一个 σ_o，有两个挠度 y_m 与之对应，即对应于一个

荷载 $P=A\sigma_o$，可能存在两种平衡状态。相应于挠度 $y_m=y_1$ 的第一种平衡状态是稳定的，这时随着挠度的增加，σ_o 也随之增加，此时卸载柱子会回到原始直线状态，虽然超过比例极限后会有残余变形存在，使得柱子略有弯曲。相应于挠度 $y_m=y_2$ 的第二种平衡状态是不稳定的，这时随着挠度的增加，σ_o 会减少。曲线最高点 A 对应的应力 σ_c 为偏压柱平均应力 σ_o 的最大值，它是由稳定状态（ y_1 点）向不稳定状态（ y_2 点）转变的临界点，因此 $P_c=A\sigma_c$ 即是偏压柱的破坏荷载，也就是临界荷载。由此可见，钢结构柱在偏心受压荷载下的破坏不是由于边缘最大纤维达到某一临界值（如屈服强度）的结果，而是在临界荷载下，内外弯矩已不能维持平衡的结果。

即使临界应力 σ_c 不超过比例极限，或凹区仍在线弹性范围，曲线 σ_o-y_m 仍具有上述曲线相同的性质，即具有上升和下降及顶点的临界荷载状态。这是由于材料的应力一应变曲线控制了应力发展，而内外力矩平衡控制了临界荷载的数值。

图 1 的虚线（$e=0$ 曲线）为中心受压柱的应力-挠度曲线。A'点由欧拉荷载（长柱）或切线模量荷载（中短柱）来确定。低于此荷载时，可能存在两种平衡状态，$y_m=y_1'=0$ 的直线稳定状态及 $y_m=y_2'$ 的弯曲平衡状态。

根据不同长细比 l/r 和偏心距 e 可得到其与平均临

界应力 $\sigma_c = P_c/A$ 的关系曲线。

图2绘出了不同 e/r 下，平均应力 $\sigma_c = P_c/A$ 与长细比 l/r 的关系曲线，材料相当于中国的Q235。从中可见，偏心对偏压杆件的稳定承载力影响大。对于短柱和中长柱，偏心影响大，进入弹性范围，影响减小，说明钢材的非线性性质对杆件的弹塑性稳定的影响大。

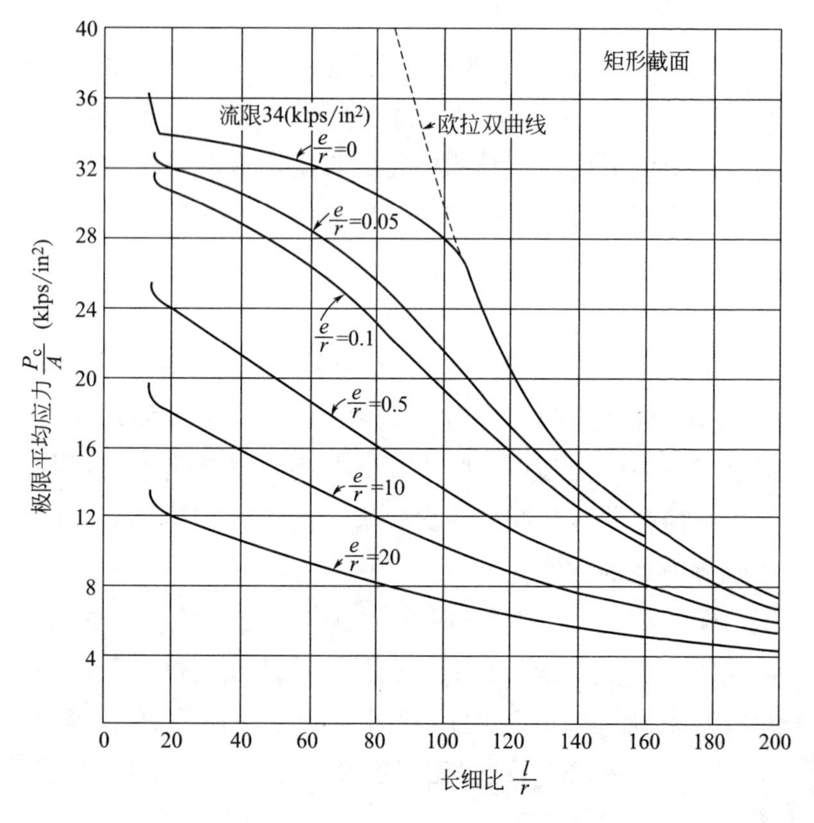

图2 σ_c-l/r 的关系曲线

引入比值 β：

$$\beta=\frac{\sigma_{co}}{\sigma_{c}} \tag{1}$$

图 3 为 $\beta=\sigma_{co}/\sigma_{c}$ 与 l/r 的关系曲线（σ_{co} 为中心受压柱的临界应力），从中可以看出偏心的影响很大，且在弹性进入非弹性区域影响最大。

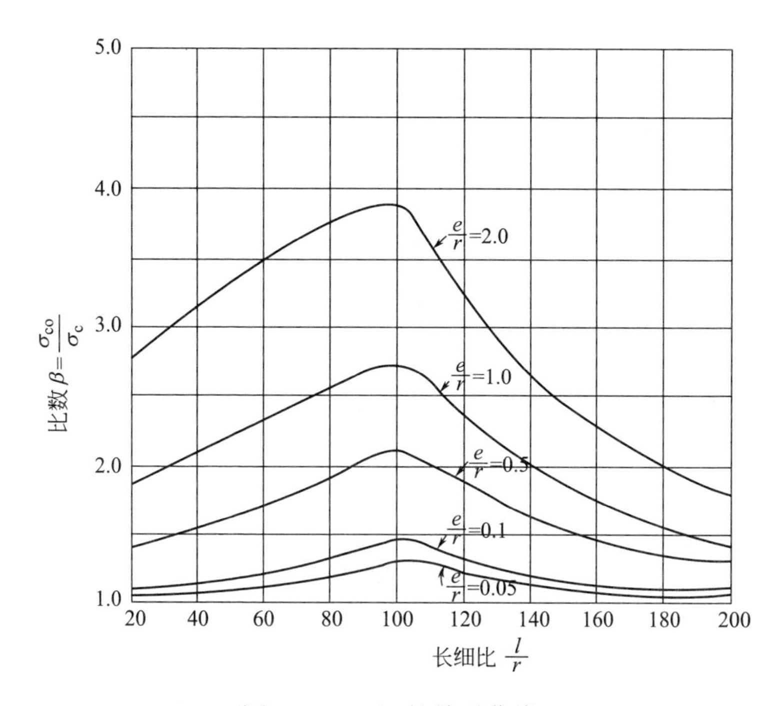

图 3 β-l/r 的关系曲线

《74 钢规》采用下式进行压弯杆平面内稳定的验算

$$\sigma=\frac{N}{A}\leqslant\varphi_{P}f \tag{2}$$

φ_P 为压弯杆件的稳定系数 $\varphi_P=\sigma_0/f_y$，此时的 $\sigma_0=N/A$ 为压弯杆件的临界应力。可见，这里的 σ_0 就是式（1）的 σ_{co}，它们的共同特点是直接求压弯杆件的稳定系数，式（1）的 β 也可看作是与轴压杆临界应力相关的一个间接偏压杆稳定系数。

采用偏压稳定系数 φ_P 有如下几个问题：

1）临界应力 σ_0 与相对偏心率 $\varepsilon=e/\rho$ 有关，不同截面的核矩 $\rho=W/A$ 不同，使得对于相同的塑性发展，临界状态时承载力也是不同的。这就使得 φ_P 的表格过多，设计不方便。

2）如按压溃理论确定临界力，挠度会很大，有时甚至超过杆件长度的十分之一，难以控制。

3）设计层面截面选择复杂。

为此，同轴压杆的稳定计算一样，自《88钢规》开始，按最大强度理论计算偏压杆的临界力。

实腹式压弯构件，当弯矩作用在对称轴平面内时（绕 x 轴），压弯构件的稳定承载力极限值，不仅与构件的长细比 λ 和偏心率 ε 有关，且与构件的截面形式和尺寸、构件轴线的初弯曲、截面上残余应力的分布和大小、材料的应力-应变特性以及失稳的方向等因素有关。因此，规范采用了考虑这些因素的数值分析法，对11种常用截面形式，以及残余应力、初弯曲等因素，在长细比为20、40、60、80、100、120、160、200，偏心率为0.2、0.6、1.0、2.0、4.0、10.0、20.0等情况时的承载力极限值进行了计算，并将这些理论计算结果作为确定实用计算公式的依据。

上述理论分析和计算结果可参见李开禧、肖允徽[9][10] 的论文。

2 《17 钢标》计算公式

两端铰接的压弯构件，假定构件的变形曲线为正弦曲线，在弹性工作阶段当截面受压最大边缘纤维应力达到屈服点时，其承载能力可按下列相关公式来表达

$$\frac{N}{N_{P}}+\frac{M_{x}+Ne_{0}}{M_{e}\left(1-\frac{N}{N_{Ex}}\right)}=1 \tag{3}$$

式中：

N、M_{x}——轴心压力和沿杆件全长均布的弯矩；

e_{0}——各种初始缺陷的等效偏心矩；

N_{P}——无弯矩时，全截面屈服承载力极限值，$N_{P}=Af_{y}$；

M_{e}——无轴心力时，弹性段的最大弯矩，$M_{e}=W_{1x}f_{y}$；

W_{1x}——受压最大纤维的毛截面模量；

$1/\left(1-\frac{N}{N_{Ex}}\right)$——压力和弯矩联合作用下弯矩的放大系数；

N_{Ex}——欧拉临界力。

公式（3）中，令 $M_x=0$，并以有缺陷的轴心受压杆件的临界力 N_0 代替 N，可得

$$e_0=\frac{M_e(N_P-N_0)(N_{Ex}-N_0)}{N_P N_0 N_{Ex}} \tag{4}$$

将式（4）代入式（3），得到

$$\frac{N}{N_P}+\frac{M_x}{M_e\left(1-\frac{N}{N_{Ex}}\right)}+\frac{N\frac{M_e}{N_P}\left(\frac{N_P}{N_0}-1\right)\left(1-\frac{N_0}{N_{Ex}}\right)}{M_e\left(1-\frac{N}{N_{Ex}}\right)}=1 \tag{5a}$$

式中 $N_0(N_0=\varphi_x N_P)$ 为中心受压柱的临界力，它与偏压柱的临界力 N 不同，但大得不是很多，可认为 $\left(1-\frac{N_0}{N_{Ex}}\right)=\left(1-\frac{N}{N_{Ex}}\right)$，则式（5$a$）为

$$\frac{N}{\varphi_x N_P}+\frac{M_x}{M_e\left(1-\frac{N}{N_{Ex}}\right)}=1 \tag{5b}$$

考虑引入 $\left(1-\frac{N_0}{N_{Ex}}\right)=\left(1-\frac{N}{N_{Ex}}\right)$ 的近似因素，使式（5a）第三式偏大，故考虑这一因素在式（5b）中引入 φ_x，则

$$\frac{N}{\varphi_x N_P}+\frac{M_x}{M_e\left(1-\varphi_x\frac{N}{N_{Ex}}\right)}=1 \tag{5c}$$

考虑抗力分项系数并引入弯矩非均匀分布时的等效

弯矩系数 β_{mx} 后，上式即成为

$$\frac{N}{\varphi_x A}+\frac{\beta_{mx}M_x}{W_{1x}\left(1-\varphi_x \frac{N}{N'_{Ex}}\right)}=f \tag{6}$$

式中 $N'_{Ex}=N_{Ex}/1.1$，相当于欧拉临界力除以抗力分项系数的平均值 1.1。

此式是由弹性阶段的边缘屈服准则导出的，必然与实腹式压弯构件考虑塑性发展的理论计算结果有差别。经过多种方案比较，发现实腹式压弯构件仍可借用此种形式。不过为了提高其精度，可以根据理论计算值对它进行修正。分析认为，实腹式压弯构件采用下式较为优越：

$$\frac{N}{\varphi_x A}+\frac{\beta_{mx}M_x}{\gamma_x W_{1x}\left(1-\eta_1 \frac{N}{N'_{Ex}}\right)}=f \tag{7}$$

式中：

γ_x ——截面塑性发展系数；

η_1 ——修正系数。

对于单轴对称的压弯构件，当弯矩作用在对称轴平面内且使较大翼缘受压时，受拉一侧可能先达到屈服，或拉压两侧都进入屈服（图 4）。对于后者，仍用式（7）进行验算；对于前者，要验算受拉区外侧纤维的屈服应力，见式（8）

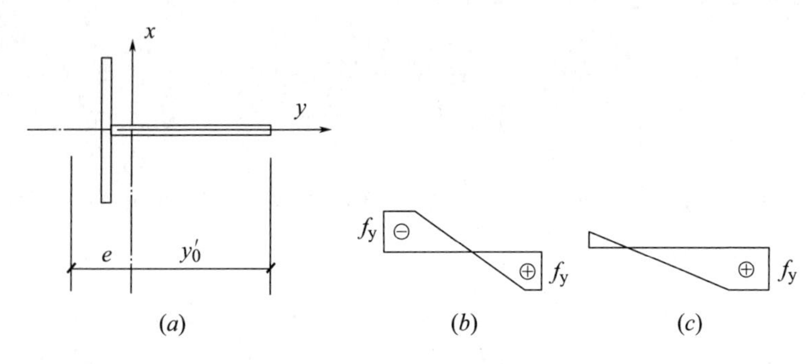

图4 单轴对称截面

$$-\frac{N}{N_{\mathrm{P}}}+\frac{M_{\mathrm{x}}+Ne_0}{M_{\mathrm{e}}\left(1-\frac{N}{N_{\mathrm{Ex}}}\right)}=1 \tag{8}$$

与压区类似，经过一系列推导和简化，可得相关公式

$$\left|\frac{N}{A}-\frac{\beta_{\mathrm{mx}}M_{\mathrm{x}}}{\gamma_{\mathrm{x}}W_{2\mathrm{x}}\left(1-\eta_2\frac{N}{N'_{\mathrm{Ex}}}\right)}\right|=f \tag{9}$$

式中：

W_{2x}——无翼缘端的毛截面抵抗矩；

η_2——压弯杆件受拉侧的修正系数。

下面说明修正系数η_1、η_2的确定。

由实腹式压弯构件承载力极限值的理论计算值N，可以得到压弯构件稳定系数的理论值$\varphi_{\mathrm{P}}=N/N_{\mathrm{P}}$；从实用计算公式（7）和（9）可以推算相应的稳定系数φ'_{P}。修正系数η_1和η_2的选择原则，是使各种截面的$\varphi_{\mathrm{P}}/\varphi'_{\mathrm{P}}$值都尽可能接近于1.0。经过对11种常用截面形式的计算比较，结果显示，修正系数的最优值是 $\eta_1=0.8$，$\eta_2=1.25$。至此得到《17 钢标》式（8.2.1-1）和式（8.2.1-4）如下。

$$\frac{N}{\varphi_x A}+\frac{\beta_{mx}M_x}{\gamma_x W_{1x}\left(1-0.8\frac{N}{N'_{Ex}}\right)}=f$$

$$\left|\frac{N}{A}-\frac{\beta_{mx}M_x}{\gamma_x W_{2x}\left(1-1.25\frac{N}{N'_{Ex}}\right)}\right|=f$$

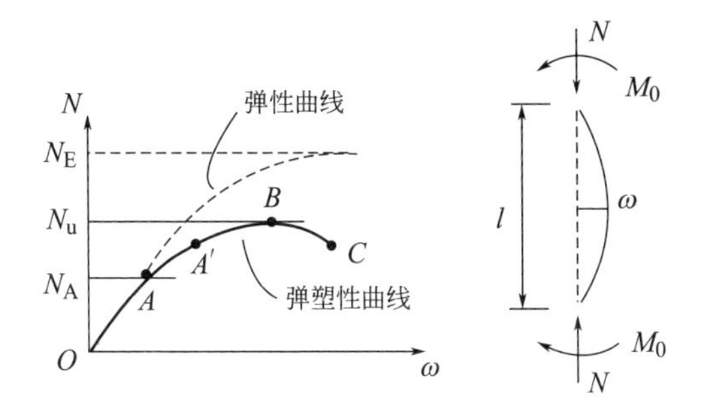

图 5　压弯杆轴力-挠度关系曲线

图 5 为两端铰接压弯杆的在弯矩下的轴力与中点挠度的关系曲线图。N_E 为欧拉临界力，虚线为弹性杆的挠度曲线，它以欧拉临界力为渐近线，即接近欧拉临界力时，位移无穷大。实线为考虑材料弹塑性性质的实际挠曲线，A 点为截面边缘进入屈服，A′ 点为部分截面屈服（如屈服进入工字形截面腹板的 1/4），B 点为压溃点即达到临界力（部分截面屈服），C 点形成塑性铰。考虑

缺陷后，对实腹式构件规范以部分屈服 A' 点构建公式；对于格构式构件和冷弯薄壁构件，以边缘屈服 A 点构建公式。

8.2.1 (2) 等效弯矩系数 β_{mx}

本条讨论《17 钢标》式（8.2.1-1）中的等效弯矩系数 β_{mx}。

1 等效弯矩系数的概念

引入等效弯矩的目的，是把非均匀弯矩转化成均匀弯矩。等效的含义为杆件发生平面内失稳时荷载等效。为简化，通常按弹性二阶弯矩的最大值相同处理，见图 1。此时非均匀受弯构件见图 1（a）一阶的弯矩最大值为 M_1，二阶弯矩最大值为 M_{max}^{II}，折合成均匀受弯构件见图 1（b）具有同样二阶弯矩最大值 M_{max}^{II} 的端弯矩为 $\beta_{mx}M_1$，M_1 为均匀受弯一阶弯矩，β_{mx} 即为等效弯矩系数。注意此时两种情况的弯矩最大值并不在同一位置。

下面用解析法求解等效弯矩系数的方法，引自钟善桐的《钢结构稳定设计》[11]。

图 2 为两端偏心距不等的铰接压杆。x 处的弯矩为

$$M_x=N(e_1+y)-\frac{N(e_1-e_2)}{l}x=N\left(e_1+y-\frac{e_1-e_2}{l}x\right) \tag{1}$$

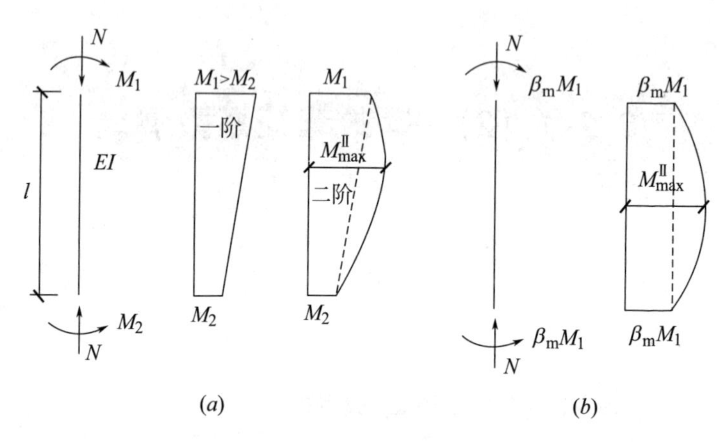

图 1　等效弯矩系数　（a）原杆件；（b）等效杆件

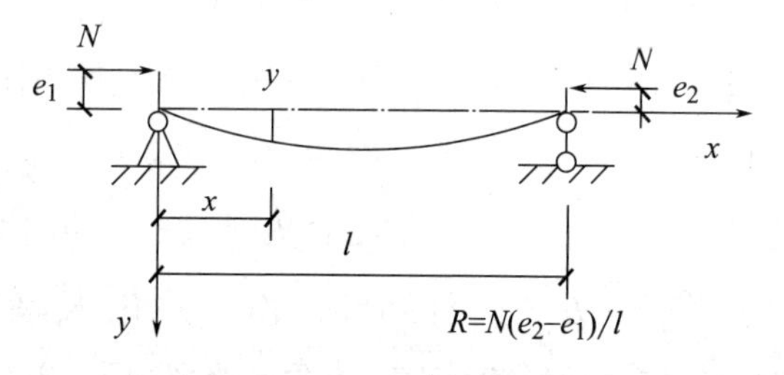

图 2　两端弯矩不等的压弯杆件

$$y''=-\frac{M_x}{EI_x} \tag{2}$$

令

$$n=\sqrt{\frac{N}{EI}} \tag{3}$$

$$y''+n^2y=-n^2\left(e_1-\frac{e_1-e_2}{l}x\right) \tag{4}$$

式（4）的解为

$$y = A\cos nx + B\sin nx - e_1 + \frac{e_1 - e_2}{l}x \tag{5}$$

引入边界条件：

$$x = 0,\ y = 0,\ A = e_1$$

$$x = l,\ y = 0,\ B = \frac{e_2 - e_1\cos nl}{\sin nl}$$

$$y = \frac{e_2 - e_1\cos nl}{\sin nl}\sin nx + e_1\cos nx + \frac{e_1 - e_2}{l}x - e_1 \tag{6}$$

$$y'' = -n^2\left(\frac{e_2 - e_1\cos nl}{\sin nl}\sin nx + e_1\cos nx\right) \tag{7}$$

$$\begin{aligned} M_x = -EIy'' &= N\left(\frac{e_2 - e_1\cos nl}{\sin nl}\sin nx + e_1\cos nx\right) \\ &= a\sin nx + b\cos nx \end{aligned} \tag{8}$$

式（8）中

$$a = \frac{e_2 - e_1\cos nl}{\sin nl}N \tag{9}$$

$$b = e_1 N \tag{10}$$

对式（8）求导，求极值

$$\frac{dM_x}{dx} = an\cos nx - bn\sin nx = 0 \tag{11}$$

得到

$$a\cos nx = b\sin nx \tag{12}$$

即

$$a^2\cos^2 nx = a^2(1-\sin^2 nx) = b^2\sin^2 nx \tag{13}$$

解式（12）、式（13）

$$\sin nx = \frac{a}{\sqrt{a^2+b^2}} \tag{14}$$

$$\cos nx = \frac{b}{\sqrt{a^2+b^2}} \tag{15}$$

代入式（8）

$$M_{\max} = \frac{a^2+b^2}{\sqrt{a^2+b^2}} = \sqrt{a^2+b^2}$$

$$= M_1\sqrt{\frac{1-2\frac{M_2}{M_1}\cos nl+\left(\frac{M_2}{M_1}\right)^2}{\sin^2 nl}}$$

$$= \frac{M_1}{\sin nl}\sqrt{\beta^2-2\beta\cos nl+1} \tag{16}$$

其中：$M_1 = Ne_1$，$M_2 = Ne_2$，$\beta = M_2/M_1 < 1.0$

设两端弯矩相等，即 $\beta = 1$

$$M_{0\max} = \frac{M_0}{\sin nl}\sqrt{2-2\cos nl} \tag{17}$$

令式（16）、式（17）相等：$M_{\max} = M_{0\max}$，则

$$M_0 = \xi M_1 = \sqrt{\frac{\beta^2-2\beta\cos nl+1}{2-2\cos nl}}M_1 \tag{18}$$

$$\xi = \sqrt{\frac{\beta^2-2\beta\cos nl+1}{2-2\cos nl}} \tag{19}$$

ξ 即为等效弯矩系数。

2 《17 钢标》之等效弯矩系数 β_{mx}

《17 钢标》的等效弯矩系数，按无侧移和有侧移构件区分。本节的内容引自《设计指南》。

（1）无侧移框架柱和两端支承的构件

1）有端弯矩，无横向荷载作用

式（19）的等效弯矩系数是按弹性杆导出的。对于弹塑性稳定问题，可由数值方法求出不同端弯矩下的 M/M_s 和 N/N_s 的相关关系。这里 N_s 是无弯矩时，截面的塑性抗压承载力；M_s 是无轴力时，截面的塑性弯矩承载能力。对于宽翼缘工字钢的 M/M_s 和 N/N_s 的相关曲线，以两端等弯矩 $M_2/M_1=1$ 为标准，取 N/N_s 值相同而 M_1/M_2 不同时的 M/M_s 值与等弯矩 M/M_s 值的比值 β_{mx}，可得 β_{mx} 和 M_1/M_2 的关系为

$$\beta_{mx}=0.6+0.4\frac{M_2}{M_1} \tag{20}$$

M_1 和 M_2 使构件产生同向曲率取同号，产生反向曲率取异号，$|M_1|>|M_2|$。

2）无端弯矩，有横向荷载作用

(a) 跨中承受集中荷载 Q 的简支梁（图 3），其二阶弯矩为

$$M^{\mathrm{II}}=M^{\mathrm{I}}+N\nu^{\mathrm{II}} \tag{21}$$

ν^{II} 为二阶挠度，近似公式为

$$\nu^{\mathrm{II}}=\frac{\nu^{\mathrm{I}}}{1-N/N_{cr}} \tag{22}$$

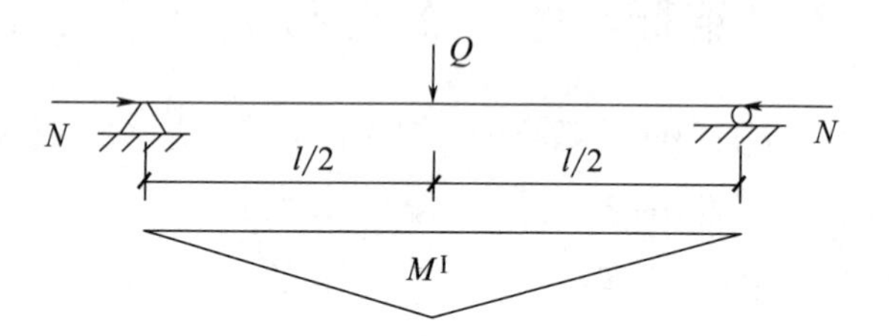

图3 跨中承受集中荷载的简支压弯杆件

ν^{I} 为一阶挠度，$N_{\mathrm{cr}}=\dfrac{\pi^2 EI}{(\mu l)^2}$ 为欧拉临界力，则

$$M^{\mathrm{II}}=\frac{M^{\mathrm{I}}}{1-\dfrac{N}{N_{\mathrm{cr}}}}\left[1+\left(\frac{\nu^{\mathrm{I}}}{M^{\mathrm{I}}}N_{\mathrm{E}}-1\right)\frac{N}{N_{\mathrm{cr}}}\right] \tag{23}$$

由图4，$M_{\mathrm{Q}}^{\mathrm{I}}=\dfrac{Ql}{4}$，$\nu^{\mathrm{I}}=\dfrac{Ql^3}{48EI}$，代入式（23）

$$M_{\mathrm{Q}}^{\mathrm{II}}=\left(1-0.18\frac{N}{N_{\mathrm{cr}}}\right)\frac{M_{\mathrm{Q}}^{\mathrm{I}}}{1-N/N_{\mathrm{cr}}} \tag{24}$$

$M_{\mathrm{Q}}^{\mathrm{I}}$ 为受集中荷载梁一阶弯矩最大值，$M_{\mathrm{Q}}^{\mathrm{II}}$ 为受集中荷载梁二阶弯矩最大值。

受均匀弯矩梁，$M_{\mathrm{M}}^{\mathrm{I}}=M$，$\nu^{\mathrm{I}}=\dfrac{Ml^2}{8EI}$，代入式（23）

$$M_{\mathrm{M}}^{\mathrm{II}}=\left(1+0.23\frac{N}{N_{\mathrm{cr}}}\right)\frac{M_{\mathrm{M}}^{\mathrm{I}}}{1-N/N_{\mathrm{cr}}} \tag{25}$$

$M_{\mathrm{M}}^{\mathrm{I}}$ 为受均匀弯矩梁一阶弯矩最大值，$M_{\mathrm{M}}^{\mathrm{II}}$ 为受集中荷载梁二阶弯矩最大值。

令两种情况二阶最大弯矩相等，即式（24）和式

（25）左边二阶弯矩相等，则

$$M_{M}^{I}=\frac{1-0.18\dfrac{N}{N_{cr}}}{1+0.23\dfrac{N}{N_{cr}}}M_{Q}^{I}=\beta_{mx}M_{Q}^{I} \tag{26}$$

$$\beta_{mx}=\frac{1-0.18\dfrac{N}{N_{cr}}}{1+0.23\dfrac{N}{N_{cr}}}=1-0.36\frac{N}{N_{cr}} \tag{27}$$

（b）全跨承受均布荷载 q 的梁

$$M_{q}^{I}=\frac{ql^{2}}{8},\ \nu^{I}=\frac{5ql^{4}}{384EI}$$

代入式（23）

$$M_{q}^{II}=\left(1+0.03\frac{N}{N_{cr}}\right)\frac{M_{q}^{I}}{1-N/N_{cr}} \tag{28}$$

$$M_{M}^{I}=\frac{1+0.03\dfrac{N}{N_{cr}}}{1+0.23\dfrac{N}{N_{cr}}}M_{q}^{I}=\beta_{mx}M_{q}^{I} \tag{29}$$

$$\beta_{mx}=\frac{1+0.03\dfrac{N}{N_{cr}}}{1+0.23\dfrac{N}{N_{cr}}}=1-0.18\frac{N}{N_{cr}} \tag{30}$$

当单个集中荷载偏离中点时，可近似采用式（27）计算等效弯矩系数；当为两个及以上集中荷载时，可近似采用式（30）计算等效弯矩系数。

3）同时承受端弯矩和横向荷载作用的梁

可用叠加原理计算端弯矩和横向荷载共同作用下的等效弯矩系数。虽然叠加原理不适用于稳定问题，但一般来说这是在轴向荷载叠加的情况下。当轴压保持不变时，叠加原理仍适用。即轴压下横向荷载作用下的二阶弯矩叠加不变，轴压下端弯矩作用下的二阶弯矩即是总二阶弯矩。因此，不同荷载的等效弯矩也可叠加。《17钢标》式（8.2.1-1）中的$\beta_{mx}M_x$为

$$\beta_{mx}M_x=\beta_{mqx}M_{qx}+\beta_{m1x}M_1 \tag{31}$$

式中：

β_{mqx}——式（27）或式（30）的集中荷载或均布荷载的等效弯矩系数；

M_{qx}——集中荷载或均布荷载作用下的一阶最大弯矩；

β_{m1x}——式（20）端弯矩作用下的等效弯矩系数；

M_1——端弯矩作用下的一阶最大弯矩。

（2）有侧移框架柱和悬臂构件

悬臂柱见图4（a），柱顶有弯矩M和压力N，一阶弯矩为常数，二阶弯矩最大值为$M+N\Delta$，Δ为柱顶位移，弹性范围内，二阶弯矩放大系数为

$$\alpha=\frac{M_{max}^{\mathrm{II}}}{M^{\mathrm{I}}}=\frac{1}{\cos\phi} \tag{32}$$

$$\phi=\pi\sqrt{\frac{N}{N_{cr}}} \tag{33}$$

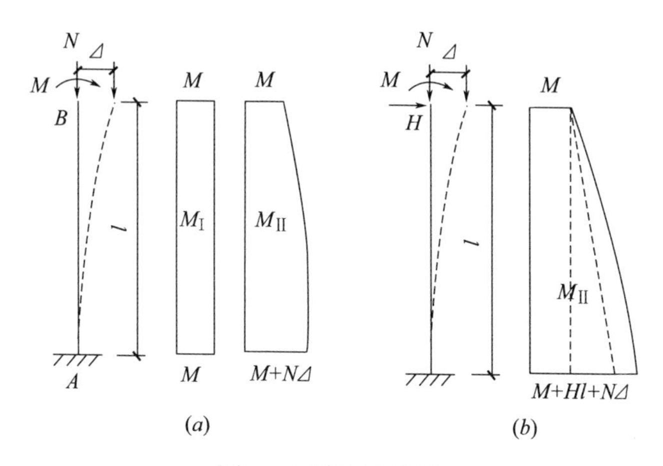

图 4 压弯悬臂杆件

图 4（b），悬臂柱除在柱顶受有弯矩 M、压力 N 作用外，还有水平力 H 的作用，一阶弯矩呈线性变化，上端 $M_2=M$，下端 $M_1=M+Hl$，两者之比为 $m=M_2/M_1$。对 m=0.5、0、−0.5、−1.0 四种情况进行计算，得到表 1 的二阶弯矩放大系数 α_m 和等效弯矩系数 $\beta_m=\alpha_m/\alpha$（α_m/α 等于两种情况最大弯矩之比），其分母 α 由式（32）提供。

弯矩线性变化悬臂柱的等效弯矩系数　　表 1

端弯矩比 m	0.5	0	−0.5	1.0
α_m	$\dfrac{1+\sin\phi/\phi}{2\cos\phi}$	$\dfrac{\tan\phi}{\phi}$	$\dfrac{3\sin\phi/\phi-1}{2\cos\phi}$	$\dfrac{2\sin\phi/\phi-1}{\cos\phi}$

续表

端弯矩比 m	0.5	0	−0.5	1.0
β_m	$\frac{1}{2}(1+\sin\phi/\phi)$	$\sin\phi/\phi$	$\frac{1}{2}(3\sin\phi/\phi-1)$	$2\sin\phi/\phi-1$
β_m 近似值	$1-0.18N/N_{cr}$	$1-0.36N/N_{cr}$	$1-0.54N/N_{cr}$	$1-0.72N/N_{cr}$

表1β_m 的近似公式可写成表达式

$$\beta_m=1-\frac{0.36(1-m)N}{N_{cr}} \tag{34}$$

式中 $N_{cr}=\frac{\pi^2 EI}{(2l)^2}$ 为悬臂柱的欧拉临界力。

中部承受横向荷载的悬臂柱，情况复杂。此时，可将荷载按底部相等的原则转化为顶部集中荷载。图5（a）的悬臂柱承受均布荷载 q，可转化为柱顶集中荷载 $ql/2$，相当于把内凹曲线的弯矩图改为三角形弯矩图来确定 β_m，结果偏于安全。图5（b）的集中荷载 Q 作用在中部，把 Q 转化为施加于顶部的横向力 $Q_{a/l}$，这个简化也偏于安全。

对于框架柱，在柱顶荷载作用下的失稳通常为有侧移模式。首先考虑横梁无限刚与柱刚接的极端情况。

当柱脚为铰接时见图6（a），失稳时相当于倒置的悬臂柱。在三角形弯矩图作用下，等效弯矩系数为

$$\beta_m=1-0.36N/N_{cr} \tag{35}$$

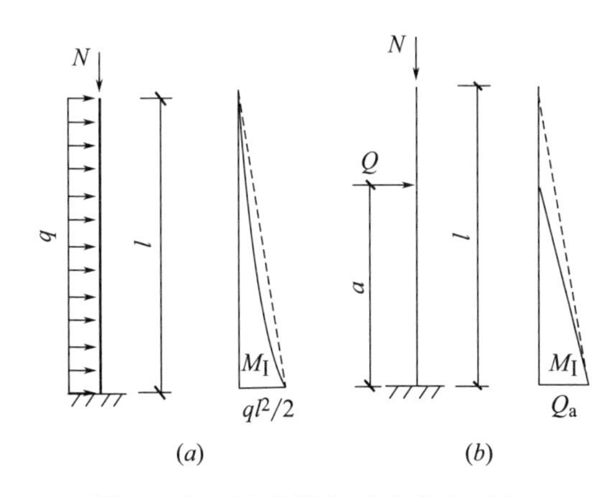

图 5 中部承受横向荷载的悬壁柱

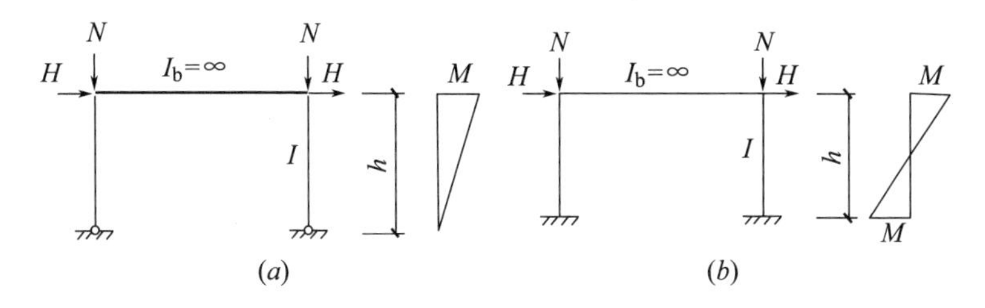

图 6 横梁无限刚性的框架柱

式中，$N_{cr}=\dfrac{\pi^2 EI}{(2h)^2}$。

当柱脚为刚接时见图 6（b），柱失稳时中点为反弯点，其上、下两段各自相当于承受三角形弯矩图的悬臂柱，等效弯矩系数仍由式（35）计算，临界力为 $N_{cr}=\dfrac{\pi^2 EI}{h^2}$。

当横梁与柱铰接、柱脚刚接时，框架柱即为悬臂柱。

横梁非无限刚、柱脚刚接介于图6（b）和悬臂柱两个极端情况之间，柱的等效弯矩系数仍可按式（32）计算，只是在确定 N_{cr} 时，要确定柱的计算长度。式（35）还可推广到柱脚铰接横梁非无限刚的情况，这时框架的侧向刚度依赖于横梁刚度，因而柱上端转动约束的刚度和横梁无限刚情况下差别不会很大。

柱脚铰接框架，在柱高度范围内承受水平荷载时，不论横梁刚度多大，公式（35）都不适用。图7为柱脚铰接、横梁无限刚的单跨框架，左柱承受柱间荷载，包括两种情况：①柱中点受集中力 Q；②柱承受均布荷载。图7（a）柱顶弯矩 $\frac{5}{32}Qh$，高度中央弯矩 $\frac{21}{64}Qh$；图7（b）柱顶弯矩 $\frac{3}{16}qh^2$，高度中央弯矩 $\frac{7}{32}qh^2$。这两个弯矩都呈现出最大值在中部，而且上半部弯矩也比较大，显然要比图6（a）情况不利得多。因此，柱脚铰接而在柱高度范围内承受水平荷载时，等效弯矩系数宜取 $\beta_m=1.0$。

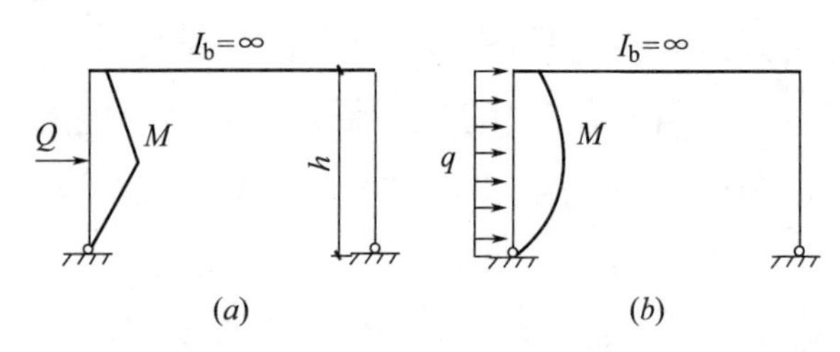

图7　承受横向荷载框架柱的弯矩分布（柱脚铰接）

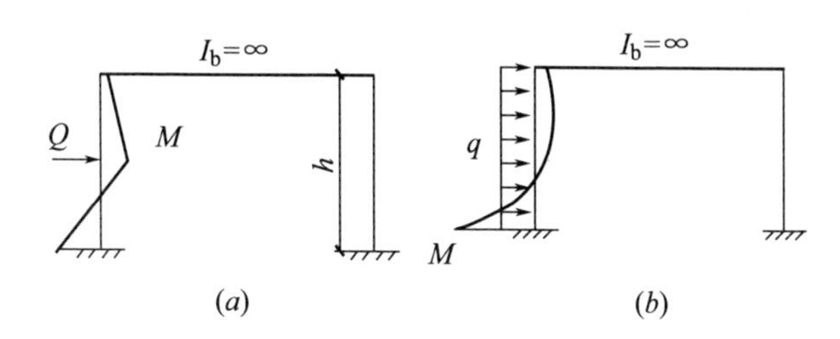

图 8 承受横向荷载框架柱的弯矩分布（柱脚刚接）

图 8 给出柱脚刚接、柱高范围内有水平荷载的情况，这时柱的最大弯矩在柱脚，弯矩比图 6（*b*）减小得快，可以偏安全地采用式（35）的等效弯矩系数。

（3）采用了二阶分析的框架柱

柱顶有侧移 Δ 的框架，存在竖向荷载一侧移的二阶效应，即 *P*-Δ 效应。框架内力采用一阶分析时，这一效应由柱计算长度系数考虑。采用二阶分析时，*P*-Δ 效应已在计算中考虑，框架还原成无侧移，柱计算长度系数 μ 可以取 1.0。此时，等效弯矩系数仍然要按有侧移考虑，不能按无侧移考虑。原因是柱顶侧移的存在，并不因内力采用二阶分析而改变。非均匀分布的弯矩转化成等效的均匀弯矩，仍然要按有侧移状态进行转换。采用二阶分析的框架，柱弯矩由无侧移弯矩 M_b 和放大的侧移弯矩 M_s 组成

$$M^{\mathrm{II}}=M_b+\alpha_2 M_s \tag{36}$$

式中 α_2 为二阶效应放大系数，M^{II} 相当于《17 钢标》式（8.2.1-1）中的 $\beta_{mx}M_x$，M_b 相当于由式（20）求出无侧移

的β_{mx}，再求出《17钢标》式(8.2.1-1)中的$\beta_{mx}M_x=M_b$。

M_s相当于求出有侧移的β_{mx}，再求出式《17钢标》式(8.2.1-1)中的$\beta_{mx}M_x=M_s$。

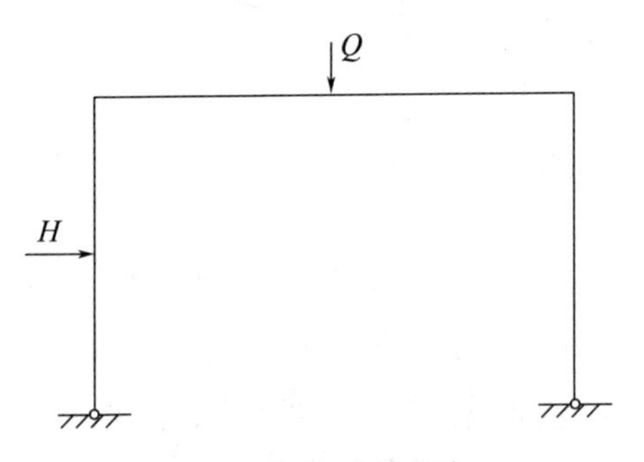

图9　单跨对称框架

将二阶弯矩分为无侧移弯矩和有侧移弯矩，并分别引入等效弯矩系数，既合理又经济。如图9单跨对称框架，梁跨中在竖向力Q作用下为无侧移框架，此时柱顶最大弯矩M_Q的等效弯矩系数按无侧移公式（20）计算$\beta_m=0.6$。水平力H作用下为有侧移框架，左柱柱顶最大弯矩M_H的等效弯矩系数按柱脚铰接柱中有荷载取$\beta_m=1.0$。

8.2.1 (3) 偏压杆平面外稳定

本条相关内容参见参考文献［6］。

工字形简支梁 AB（图 1），腹板平面内作用偏心轴向力 P 和横向力 w_y 。

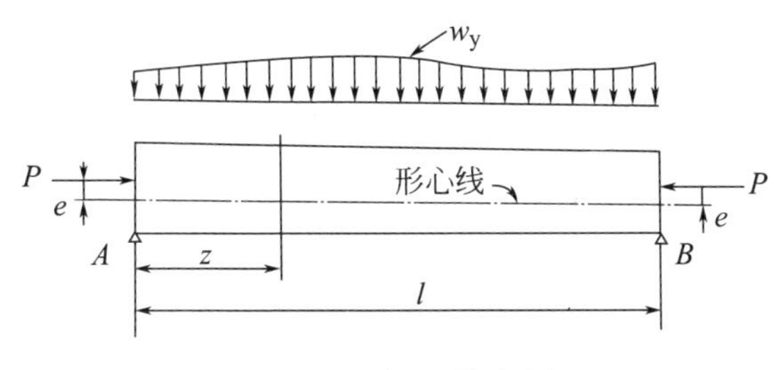

图 1 工字形简支梁

梁的变形见图 2，侧向屈曲的平衡微分方程为

$$EI_y u'' + Pu + M\beta = 0 \tag{1a}$$

$$E\Gamma\beta^{\mathrm{IV}} + \left(P\frac{I_p}{A} - GK + eP\frac{Z}{I_x}\right)\beta'' - \bar{a}w_y\beta + Mu'' = 0 \tag{1b}$$

上式中 Z 是梁截面的一种性质，如截面对称于 x 轴，则 Z 等于零。

如果梁不承受横向荷载，$w_y = 0$，$M = P(y_0 + e)$，由式（1）

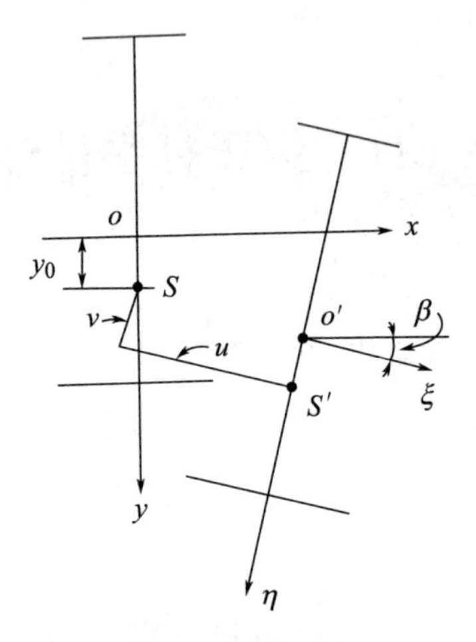

图 2 梁变形图

$$EI_y u'' + Pu + P(y_0 + e)\beta = 0 \tag{2a}$$

$$E\Gamma\beta^{\mathrm{IV}} + \left(P\frac{I_p}{A} - GK + eP\frac{Z}{I_x}\right)\beta'' + P(y_0 + e)u'' = 0 \tag{2b}$$

对于中心荷载，$e=0$，这时方程式（2）与 7.2.1 具有一个对称轴的弯扭屈曲方程式（8a）、式（8c）一致。

解式（2），得到临界荷载 P_{cr} 的二次方程

$$(P_E - P_{cr})\left[E\Gamma\frac{\pi^2}{l^2} + GK - P_{cr}\frac{I_p}{A}\left(1 + e\frac{AZ}{I_p I_x}\right)\right] - P_{cr}^2(y_0 + e)^2 = 0 \tag{3}$$

式中 $P_E = \pi^2 EI_y/l^2$ 为在 x 轴方向屈曲的欧拉临界力。

考虑双轴对称截面，公式（3）中，$Z=0$，$y_0=0$，可得

$$(P_E-P_{cr})\left(E\Gamma\frac{\pi^2}{l^2}+GK-P_{cr}\frac{I_p}{A}\right)-P_{cr}{}^2e^2=0 \quad (4)$$

两边乘 $\frac{A}{I_p}$，并注意到 $N=P_{cr}$，$N_y=P_E$，

$$N_w=\sigma_\beta A=E\Gamma\frac{\pi^2}{l^2}\frac{A}{I_p}+GK\frac{A}{I_p}=\frac{\pi^2E}{l^2}\left(\frac{\Gamma}{I_p}+\frac{l^2}{\pi^2}\frac{GK}{EI_p}\right)A$$

上式中 σ_β 的公式来自 7.2.1 式（4）、式（5），考虑弹性阶段，取 $\tau=1$，进而得到

$$(N_y-N)(N_w-N)-(e^2/i_p{}^2)N^2=0 \quad (5)$$

考虑纯弯情况，令式（5）中 $N=0$，$Ne=M_0$，则 $M_0=i_p\sqrt{N_yN_w}$，代回式（5），得到

$$\left(1-\frac{N}{N_y}\right)\left(1-\frac{N}{N_w}\right)-\left(\frac{M}{M_0}\right)^2=0 \quad (6)$$

根据 N_w/N_y 的不同比值，可得到 N/N_y 和 M/M_0 的相关曲线。对常用截面，N_w/N_y 均大于 1.0，相关曲线是上凸的（图 3）。弹塑性范围内，难以写出 N/N_y 和 M/M_0 的相关公式，但可通过对典型截面的数值计算求出 N/N_y 和 M/M_0 的相关关系，由此可以验证这些典型截面的弹塑性阶段的相关性。

分析表明，无论在弹性和弹塑性阶段，均可偏安全地采用直线相关关系，即

$$\frac{N}{N_y}+\frac{M}{M_0}=1 \quad (7)$$

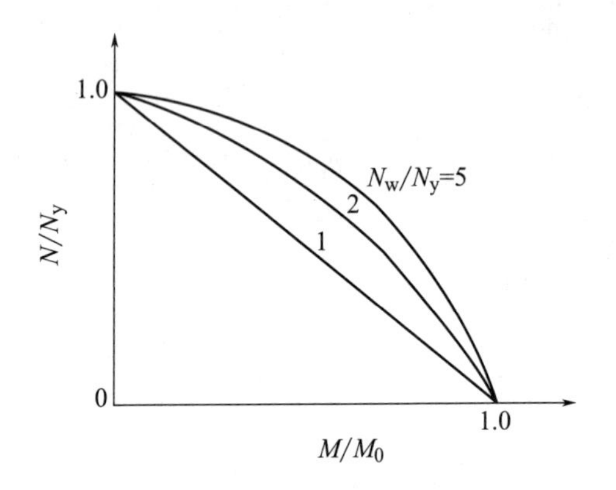

图 3 弯扭屈曲的相关曲线

对单轴对称截面的压弯构件，无论弹性或弹塑性的弯扭计算均较为复杂。经分析，若近似地按公式（7）的直线式来表达其相关关系也是可行的。

注意到 N_y 为轴压杆沿 y 轴方向的屈曲临界荷载（包括弹性阶段和非弹性阶段）；M_0 可为纯弯杆的整体屈曲临界荷载（包括弹性阶段和弹塑性阶段），这时它等价于受弯的梁，故可按梁的整体屈曲公式代替这部分的公式。考虑抗力分项系数并引入等效弯矩系数 β_{tx} 和截面影响系数 η，公式（8）即为《17钢标》公式（8.2.1-3）。

$$\frac{N}{\varphi_y A f}+\eta\frac{\beta_{tx}M_x}{\varphi_b W_{1x} f}\leqslant 1.0 \tag{8}$$

上式中，对于单轴对称截面（截面对 y 轴对称），φ_y 应为由对 y 轴弯扭失稳由长细比 λ_{yz} 算出的轴压杆稳定系数，φ_b 为梁的整体稳定系数。

9.1.1 加劲钢板剪力墙

钢板剪力墙分为纯钢板剪力墙和防屈曲钢板剪力墙，纯钢板剪力墙又可分为无加劲肋和有加劲肋两种，《17 钢标》只针对有加劲肋的钢板剪力墙。

第 9.2.3 条的公式（9.2.3-1）、公式（9.2.3-2）给出了设置带纵横加劲肋的钢板剪力墙时经济性的区格宽厚比，见下面式（1）、式（2）。

采用开口加劲肋：

$$\frac{a_1+h_1}{t_w}\leqslant 220\varepsilon_k \tag{1}$$

采用闭口加劲肋：

$$\frac{a_1+h_1}{t_w}\leqslant 250\varepsilon_k \tag{2}$$

式中符号含义见条文（下同），闭口加劲肋刚度大，区格可以大些。

第 9.2.4 条给出了不考虑钢板剪力墙整体失稳（整体稳定性）的纵横加劲肋的设置要求，见式（3）、式（4）。

$$\eta_x=\frac{EI_{sx}}{Dh_1}\geqslant 33 \tag{3}$$

$$\eta_{y}=\frac{EI_{sy}}{Da_{1}}\geqslant 50 \tag{4}$$

竖向加劲肋会受部分竖向力，对其抗弯刚度有影响，因此对竖向加劲肋的刚度系数提高50%。

第9.2.5条为钢板墙局部稳定性（区格稳定性）计算要求。

公式（9.2.5-7）、公式（9.2.5-8）中的弯曲正应力和剪应力应为工况组合应力，公式（9.2.5-9）中的竖向重力荷载应力为恒载加活载组合应力，分别见式（5）～式（7）。

$$\frac{\sigma_{b}}{\varphi_{bs}f}\leqslant 1.0 \tag{5}$$

$$\frac{\tau}{\varphi_{s}f_{v}}\leqslant 1.0 \tag{6}$$

$$\frac{\sigma_{G}}{0.35\varphi_{\sigma}f}\leqslant 1.0 \tag{7}$$

虽然不希望钢板墙承受竖向应力，但因构造的原因，钢板墙与周边框架是连成一体的，它仍要产生竖向应力。考虑到钢板墙承受竖向力的能力差，公式（7）给出了一个折减系数0.35。考虑到竖向加劲肋等有利因素，这个系数可取到0.5。

参见《高钢规》公式（B.2.7）可知这个钢板墙的竖向重力应力为整体计算分配到的应力。

在加劲钢板墙实际应用中，要注意以下几点：

（1）上述稳定性计算的控制工况通常为地震组合工况。

（2）公式（6）计算中，多遇地震下抗剪强度设计值应考虑抗震调整系数 0.8，并应扣除钢板墙对周边框架提供侧向稳定所需的抗剪能力部分。这个值可按《高钢规》公式（7.3.2—10）考虑，见下式

$$\rho \leqslant 1-3\theta_i$$

如结构的屈曲因子是 13.2，这个值应为 3/13.2＝0.23，即抗剪强度设计值只能考虑 0.77 的比例用于钢板墙承载力计算。

（3）钢板墙通常是后装，即施工到一定楼层高度再安装钢板墙。因此上述计算公式要考虑施工模拟。

（4）对比《高钢规》公式（B.2.5）第三项采用 σ_{G}，可知公式（9.2.5-10）第三项采用 σ_σ 为地震工况组合内力概念更准确一些，见下式。

$$\left(\frac{\sigma_{\mathrm{b}}}{\varphi_{\mathrm{bs}} f}\right)^2+\left(\frac{\tau}{\varphi_{\mathrm{s}} f_{\mathrm{v}}}\right)^2+\frac{\sigma_\sigma}{\varphi_\sigma f} \leqslant 1.0 \qquad (8)$$

（5）考虑到钢板墙受力后竖向刚度会降低并向周边框架卸载，计算钢板墙内力时可考虑竖向刚度的折减，折减系数可取 0.5 左右。这个折减系数会降低弯曲压应力和竖向压应力，但对剪应力几乎无影响。

10.1.1 弯矩调幅

本章的弯矩调幅设计可用于不以钢框架为主承担水平力的结构（具体规定见第10.1.1条）。

类似混凝土结构，钢结构的弯矩调幅仅限于竖向荷载。梁端部调幅的弯矩要加到梁跨中位置，钢梁调幅幅值最大为20%（《17钢标》表10.2.2-1），水平力（风、地震）产生的弯矩不应调幅，柱端弯矩不参与调幅。

弯矩调幅设计，梁的抗剪强度应符合标准中公式（1）的要求：

$$V \leqslant h_{w} t_{w} f_{v} \tag{1}$$

调幅的塑性铰部位梁截面的强度计算应符合10.3.3的要求：

（1）轴压比符合式（2）要求：

$$N \leqslant 0.6 A_{n} f \tag{2}$$

（2）抗弯计算符合式（3）或式（4）要求：

$N/A_{n}f \leqslant 0.15$：

$$M_{x} \leqslant \gamma_{x} W_{nx} f \tag{3}$$

$N/A_{n}f > 0.15$：

$$M_{x} \leqslant 1.15(1-N/A_{n}f)\gamma_{x} W_{nx} f \tag{4}$$

（3）$V > 0.5h_{w}t_{w}f_{v}$，由式（2）验算抗弯承载力

时，腹板强度设计值 f 可折减为（1−ρ）f，ρ 按式（5）计算：

$$\rho=\left[\frac{2V}{h_{\mathrm{w}}t_{\mathrm{w}}f_{\mathrm{v}}}-1\right]^{2} \tag{5}$$

11.2.5 圆形塞焊、圆孔或槽孔角焊缝

第11.2.5条给出了圆形塞焊焊缝、圆孔或槽孔角焊缝抗剪设计的强度计算公式（见下式），以角焊缝的计算公式来表示，参考了欧标 Eurocode 3 part1.8 的规定。

$$\tau_f = \frac{N}{A_w} \leqslant f_f^w \quad (1)$$

$$\tau_f = \frac{N}{h_e l_w} \leqslant f_f^w \quad (2)$$

式中：

A_w——塞焊圆孔面积；

l_w——圆孔内或槽孔内角焊缝的计算长度。

塞焊焊缝、圆孔或槽孔角焊缝的受力状态和破坏模式与角焊缝接近，用于角焊缝的搭接连接或局部外贴板的连接，也可用于钢板避免局部平面外鼓曲的约束连接，其承载力应按抗剪设计计算，不能用于抗拉设计。

11.5.1 螺栓

螺栓分普通螺栓和高强螺栓。

普通螺栓分B级和C级，B级孔径比螺栓公称直径大0.2～0.5mm，C级这个数为1.0～1.5mm。

高强螺栓按受力形式分为高强度螺栓摩擦型和高强度螺栓承压型，承压型为标准孔径，比其公称直径大1.5～3mm，摩擦型可采用标准孔径、大圆孔和槽孔，表11.5.1规定了孔径尺寸。

高强度螺栓摩擦型连接采用大圆孔或槽孔时，同一连接面只能在盖板和芯板其中之一的板上采用大圆孔或槽孔，其余仍采用标准孔，此时应增大垫圈厚度或采用连续型垫板，其孔径与标准垫圈相同，对M24及以下的螺栓，垫圈厚度不宜小于8mm，对M24以上的螺栓，垫圈厚度不宜小10mm。

高强度螺栓摩擦型连接的抗剪计算，对大圆孔和槽孔的抗剪承载力应进行折减，前者折减系数为0.85，后者为0.7（内力与槽孔长向垂直）和0.6（内力与槽孔长向平行）。

问题1：《17钢标》规定了“高强度螺栓摩擦型连接”和“高强度螺栓承压型连接”的设计方法，但有时又说“摩擦型高强度螺栓”和“承压型高强度螺栓”，这其中有何区别？

答：高强度螺栓按制作和安装工艺分为“大六角头高强度螺栓”和“扭剪型高强度螺栓”，高强螺栓按其承载和破坏模式分为“高强度螺栓摩擦型连接”和“高强度螺栓承压型连接”，因此，无论“大六角头高强度螺栓”还是“扭剪型高强度螺栓”，都可以作为“高强度螺栓摩擦型连接”和“高强度螺栓承压型连接”进行设计使用。

按“高强度螺栓摩擦型连接”进行抗剪设计时，抗剪承载力由摩擦面上的摩擦力提供，因此，此种连接要求对摩擦面进行处理，受力时摩擦面不允许滑动，因而连接板之间也不能滑动。按“高强度螺栓承压型连接”进行抗剪设计时，抗剪承载力由连接板的孔壁受压承载力提供，此时也要求螺栓杆不能发生剪切破坏，此种连接不要求对摩擦面进行处理，连接板之间可以滑动。

一般来说，对于仅承受静荷载的情况，可采用“高强度螺栓承压型连接”进行抗剪设计。对于承受动荷载和地震的情况，正常使用极限状态和小震情况下，通常要求连接板不滑动，这时采用“高强度螺栓摩擦型连接”进行抗剪设计，承载能力极限状态和大震情况下，连接板可以滑动，这时的高强螺栓由摩擦型连接转为承压型连接，可采用承压型抗剪设计。

《17钢标》规定，“摩擦型连接”和“承压型连接”，都需施加规定的预拉力，“摩擦型连接”的接触面要进行工艺处理，“承压型连接”的接触面不需进行特殊处理，但应清除污物和浮锈。

以上是我国《17 钢标》对高强螺栓的设计规定。值得注意的是，欧美的一些设计，从现场保护和检验的角度出发，已不再采用“高强度螺栓摩擦型连接”进行抗剪设计，而是直接采用承压型连接，预拉力的施加也仅是拧紧的要求，这一点值得我们考虑。

11.6.1 销轴连接

1 材料

销轴采用建筑钢材时，如Q345、Q390、Q420、Q460等，强度设计值 f_v^b、f^b 采用第四章给出的设计强度值；采用其他类型的机械钢材时，如45号钢、35CrMo、40Cr等，应按4.1.5条的要求确定设计强度指标，此时，抗力分项系数一般在1.1~1.2之间。

2 计算

(1) 耳板

按受力机理，耳板有四种破坏模式（图1）。

(a) 净截面受拉

轴向受拉构件，强度计算按《17钢标》7.1.1条进行，即分别进行毛截面的屈服计算和净截面的断裂计算。

毛截面屈服

$$\sigma=\frac{N}{A}\leqslant f \tag{1}$$

净截面断裂

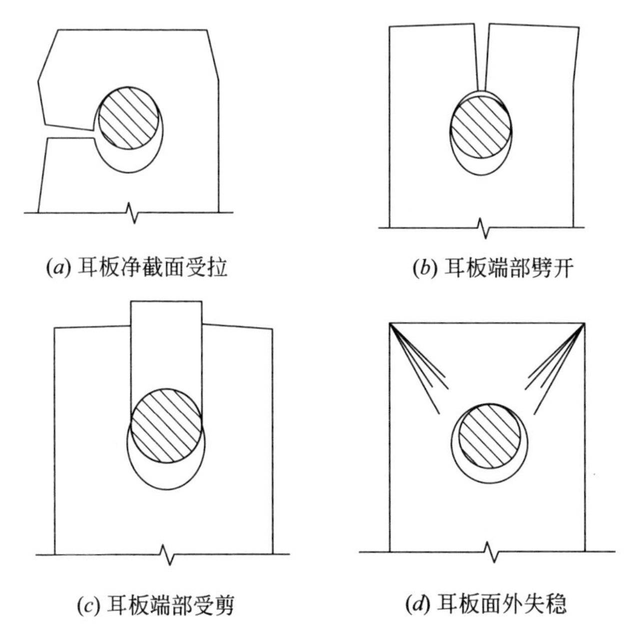

图 1　销轴连接中耳板四种承载力极限状态

$$\sigma=\frac{N}{A_{n}}\leqslant 0.7f_{u} \tag{2}$$

公式（2）推导如下

$$\sigma=\frac{N}{A_{n}}\leqslant\frac{f_{u}}{\gamma_{uR}}=\frac{f_{u}}{(1.25\gamma_{R})}=\frac{f_{u}}{(1.25\times 1.111)}=0.7f_{u} \tag{3}$$

上式中考虑抗拉强度的抗力分项系数 γ_{uR} 的离散性较大，因此取屈服强度的抗力分项系数 γ_{R} 的 1.25 倍采用，屈服强度抗力分项系数 γ_{R} 取 1.111。

公式（3）可写成

$$\sigma = \frac{N}{A_n} \leqslant \frac{f_u}{\gamma_{uR}} = \frac{\gamma_R}{\gamma_{uR}} \frac{f_u}{f_y} \frac{f_y}{\gamma_R} = \frac{0.8}{\frac{f_y}{f_u}} f \tag{4}$$

当屈强比 $\frac{f_y}{f_u}=0.8$ 时，式（4）变为

$$\sigma = \frac{N}{A_n} \leqslant f \tag{5}$$

从式（1）和式（5）可见，此时式（5）起控制作用。

对于 Q420 及以下钢材，屈强比 $\frac{f_y}{f_u} \leqslant 0.8$，强度计算由式（1）和式（4）控制。对于 Q460 及以上钢材，屈强比 $\frac{f_y}{f_u} > 0.8$，强度计算由式（4）控制。

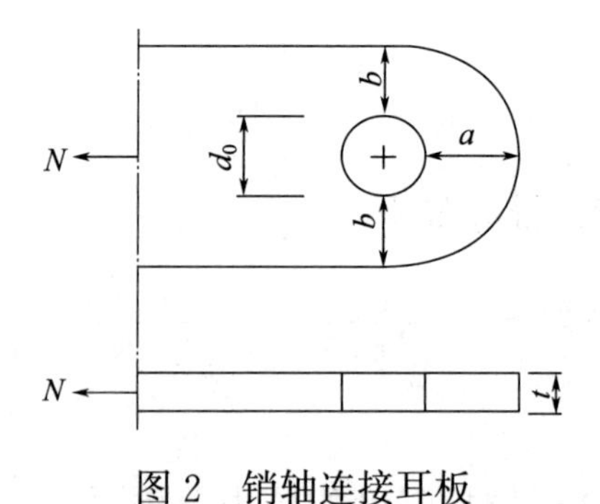

图 2　销轴连接耳板

对于耳板的净截面受拉强度计算，《17 钢标》采用以下公式进行

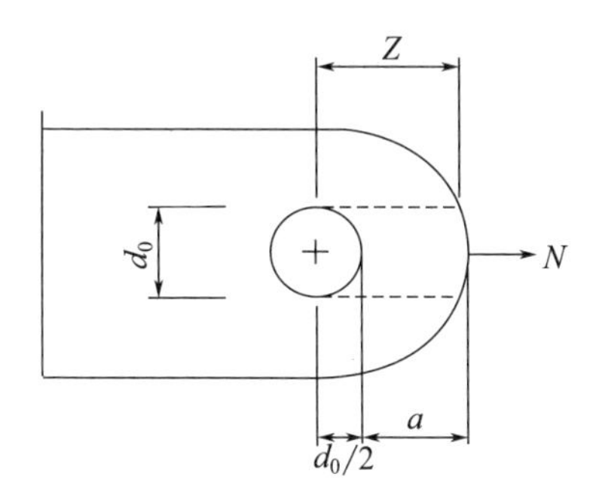

图 3 销轴连接耳板受剪面示意图

$$\sigma = \frac{N}{2tb_1} \leqslant f \tag{6}$$

$$b_1 = \min(b_e, b - d_0/3) \tag{7}$$

$$b_e = 2t + 16 \leqslant b \tag{8}$$

上述公式基本与欧标 EN1993-1-8：2005 的公式相同，以净截面受拉为前提，采用屈服强度设计值进行计算。可以看出，总体上说，上面公式比式（4）偏严。

（b）端部劈开

$$\sigma = \frac{N}{2t\left(a - \frac{2d_0}{3}\right)} \leqslant f \tag{9}$$

该公式引自欧标 EN1993-1-8：2005。

（c）端部受剪

$$\tau = \frac{N}{2tZ} \leqslant f_v \tag{10}$$

$$Z = \sqrt{(a + d_0/2)^2 - (d_0/2)^2} \tag{11}$$

式中，Z 为耳板端部抗剪截面宽度，注意到耳板端部弧形与销轴孔为同心圆，利用三角形关系可以得到式（11）。

标准同时对耳板的构造要求做出规定。对于耳板两侧宽厚比 b/t，要求不宜大于4，以避免耳板面外失稳。

对于端部边距的 $a \geqslant \frac{4}{3}b_e$ 的规定，来自美标 AISC 360-05，意图是以此保证不发生端部劈开破坏。

公式（8）是指有效宽度 b_e 不能超过实际的宽度 b。此处不能理解为 b 要大于 $2t+16$。因此，虽然耳板端部弧形与销轴孔为同心圆，也可以通过控制 b 使耳板侧面不在同心圆上。

（2）销轴

（a）承压强度

$$\sigma_c = \frac{N}{dt} \leqslant f_c^b \tag{12}$$

f_c^b 为销轴连接中耳板的承压强度设计值。

（b）抗剪强度

$$\tau_b = \frac{N}{n_v \pi \frac{d^2}{4}} \leqslant f_v^b \tag{13}$$

f_v^b 为销轴抗剪强度设计值，按1中要求取值；

n_v 为受剪面数目。

（c）抗弯强度

$$\sigma_b = \frac{M}{1.5\pi \frac{d^3}{32}} \leqslant f^b \tag{14}$$

$$M = \frac{N}{8}(2t_e + t_m + 4s) \tag{15}$$

式中：

f^b——销轴抗拉强度设计值，按1中要求取值；

t_e——两边耳板厚度；

t_m——中间耳板厚度；

s——端耳板和中间耳板间间距；

M——销轴计算截面弯矩设计值。

12.4.2 铸钢节点

铸钢节点承载力按第四强度理论，采用 Mises 公式计算：

$$\sigma_{ZS} \leqslant \beta_f f \quad (1)$$

$$\sigma_{ZS} = \sqrt{\frac{1}{2}\left[(\sigma_1-\sigma_2)^2+(\sigma_2-\sigma_3)^2+(\sigma_3-\sigma_1)^2\right]} \quad (2)$$

式中：

σ_{ZS} ——折算应力；

σ_1、σ_2、σ_3 ——计算点处的第一、第二和第三主应力；

β_f ——强度增大系数。各主应力均为压应力时，$\beta_f=1.2$；各主应力均为拉应力时，$\beta_f=1.0$，此时还应满足 $\sigma_1 \leqslant 1.1f$；其他情况，$\beta_f=1.1$。

强度理论综述如下：

（1）第一强度理论

也称最大拉应力理论，最大拉应力达到某一极限值时材料断裂：

$$\sigma_1 \leqslant [\sigma] \quad (3)$$

（2）第二强度理论

也称最大拉应变理论，材料发生屈服是由最大拉应变产生：

$$\sigma_1 - \nu(\sigma_2 + \sigma_3) \leqslant [\sigma] \tag{4}$$

（3）第三强度理论

也称最大剪应力理论，材料发生屈服是由最大剪应力引起：

$$\sigma_1 - \sigma_3 \leqslant [\sigma] \tag{5}$$

（4）第四强度理论

又称畸变理论，材料屈服是畸变能密度引起的。第四强度理论的另一种表达形式为：

$$\sigma_{ZS} = \sqrt{\frac{1}{2}[(\sigma_x - \sigma_y)^2 + (\sigma_x - \sigma_z)^2 + (\sigma_y - \sigma_z)^2 + 6(\tau_{xy}^2 + \tau_{xz}^2 + \tau_{yz}^2)]} \tag{6}$$

第一、二强度理论适用于脆性材料，如铸铁；第三、四强度理论适用于塑性材料，如碳钢。上述强度理论只适用于各向同性材料。岩土、混凝土等抗压强度远大于抗拉强度的材料，要用莫尔理论。

15.2.3、15.3.3 钢管混凝土柱

第 15.2.3 条 矩形钢管混凝土柱应考虑角部对混凝土约束作用的减弱，当长边尺寸大于 1m 时，应采取构造措施增强矩形钢管对混凝土的约束作用和减小混凝土收缩的影响。

15.2.3 条文说明 相比圆钢管，矩形钢管对混凝土的约束作用较弱，因此对于矩形钢管混凝土柱，一般规定当边长大于 1m 时，应考虑混凝土收缩的影响。目前工程中的常用措施包括柱子内壁焊接栓钉、纵向加劲肋等。

第 15.3.3 条 圆形钢管混凝土柱应采取有效措施保证钢管对混凝土的环箍作用；当直径大于 2m 时，应采取有效措施减小混凝土收缩的影响。

15.3.3 条文说明 圆钢管混凝土的环箍系数与含钢率有直接的关系，是决定构件延性、承载力及经济性的重要指标。钢管混凝土柱的环箍系数过小，对钢管内混凝土的约束作用不大；若环箍系数过大，则钢管壁可能较厚不经济。当钢管直径过大时，管内混凝土收缩会造成钢管与混凝土脱开，影响钢管和混凝土的共同受力，而且管内过大的素混凝土对整个构件的受力性能也产生

了不利影响，因此一般规定当直径大于 2m 时，圆钢管混凝土构件需要采取有效措施减少混凝土收缩的影响，目前工程中常用的方法包括管内设置钢筋笼、钢管内壁设置栓钉等。

17.1.1 抗震加固

在抗震加固设计时，由于建筑功能的改变和规范的变迁等原因，待加固的结构往往不能满足抗震构造要求，比如混凝土结构箍筋加密区直径不够或钢结构的截面板件宽厚比过大不满足现行《抗规》要求。

此时可以应用《17钢标》性能化抗震设计高承载力低延性的概念，通过提高强度满足抗震要求。比如对一个钢框架结构，要满足现行《抗规》小震设计，即相当于《17钢标》性能6（表17.2.2-1），按表17.1.4-2丙类延性等级为Ⅱ级，查表17.3.4-1要求截面板件宽厚比等级为S2。如为工字形框架梁，翼缘外伸段的板件宽厚比应为11ε_k（表3.5.1）。如果原设计的工字形框架梁按弹性截面S4设计，宽厚比为15ε_k，这时此宽厚比就不满足现行规范要求。解决这个问题可采用加大地震力的方法，即对应S4截面，采用性能4，将水平地震力加大到小震的0.55/0.35＝1.57倍进行抗震承载力验算，如能满足这一承载力要求，这个1.57倍小震＋S4截面与1倍小震＋S2截面是相当的，即满足了现行抗规的要求。

需要注意的是，如果待加固的结构后续使用年限不是50年，可以采用《建筑抗震鉴定标准》GB 50023—

2009的方法进行加固设计。按此标准第1.0.1条的条文说明，后续使用年限30、40、50年的地震力相对比例为0.75、0.88、1.0。当时该标准后续使用30、40、50年对应的建筑分别为20世纪80年代、90年代和2000年以后所建的建筑，分别对应《78抗规》、《89抗规》和《2001抗规》。考虑各规范构造要求、材料强度、地震参数的差异，该标准在计算地震力时，对应后续使用30、40、50年的建筑，分别采用《2001抗规》的0.85、0.95、1.0倍地震力进行抗震承载力计算。因此，对于目前的抗震加固设计，可以采用该鉴定标准的思路，按《2010抗规》的0.85、0.95、1.0倍地震力进行抗震承载力计算，分别对应于后续使用年限30、40、50年的建筑。

17.1.4 抗震设计方法

第17.1.4条给出了《17钢标》以中震为基础的钢结构抗震性能化设计方法的设计内容，包括计算和构造。

除上述之外，还要按《抗规》进行小震和大震进行抗震验算。

小震验算，要满足抗规的承载力和位移要求。对于塑性耗能区，因《抗规》小震相当于性能6，故对采用性能7的构件，可以采用比小震更小的承载力，因而可对其刚度进行折减，折减系数可取0.8。对于承载力高于性能6的构件，《抗规》小震承载力是自然满足的。对于层间位移角限值，在验算小震时不需对塑性耗能区的构件进行刚度折减。

大震验算，要满足《抗规》的大震弹塑性层间位移角限值要求。因性能4的构件已为弹性截面，故只需对具有性能5、6、7构件的结构进行大震弹塑性验算。

17.3.4 框架

本节内容参考了《金属结构稳定》[5]。

框架结构，图1（a）的梁屈服模式有助于减小 P-Δ 效应，控制结构地震下的稳定。采用强柱弱梁设计原则，使框架梁端形成塑性铰实现梁屈服模式。柱脚与基础刚接，无法形成上部楼层的强柱弱梁模式，故底层柱底会形成塑性铰。

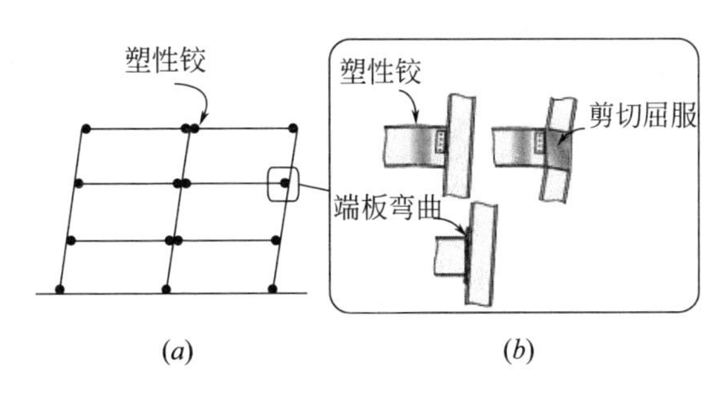

图1 框架结构塑性机制

梁端塑性机制可采用梁端塑性铰、梁柱节点域剪切屈服、端板弯曲三种形式，见图1（b）。

1 框架梁

（1）梁端塑性铰

框架梁在地震作用下梁端屈服形成塑性铰，图 1（b）。为保证塑性铰的耗能能力，应避免梁出现屈曲失稳。梁屈曲包括翼缘局部屈曲（FLB）、腹板局部屈曲（WLB）和梁的侧向扭转屈曲（LTB），分别与梁翼缘宽厚比 $b_f/2t_f$、梁腹板宽厚比 h/t_w 和侧向长细比 L_b/r_y 有关，同时这三个屈曲又是相关的。

图 2（a）为往复荷载下梁端翼缘局部屈曲、梁端腹板局部屈曲与整体侧向扭转屈曲同时发生的例子。单一荷载下，梁转角至屈服转角 θ_y 时承载力达到屈服荷载 M_p。应变硬化使梁的承载力继续增加，达到 M_{cr} 时，表示翼缘局部屈曲，之后承载力下降至 M_p，此时的 θ_u 即为塑性极限转角。

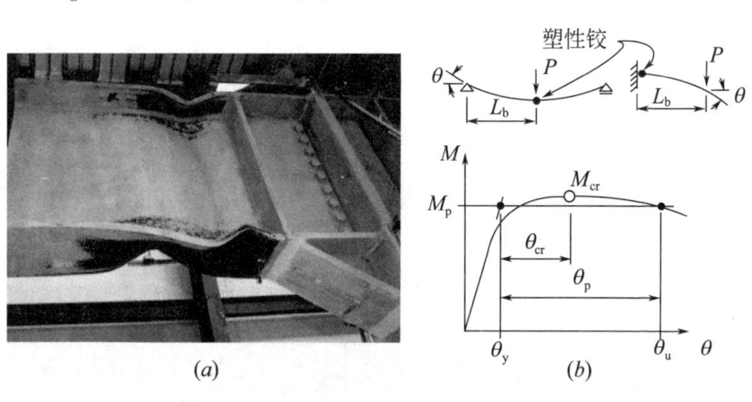

图 2 梁端屈曲图

（a）往复荷载下梁翼缘局部屈曲、腹板局部屈曲和侧向屈曲相互作用；

（b）单调荷载下梁弹性和非弹性（塑性）转动

图 3 选自美标，为梁翼缘宽厚比 $b_f/2t_f$ 与腹板宽厚

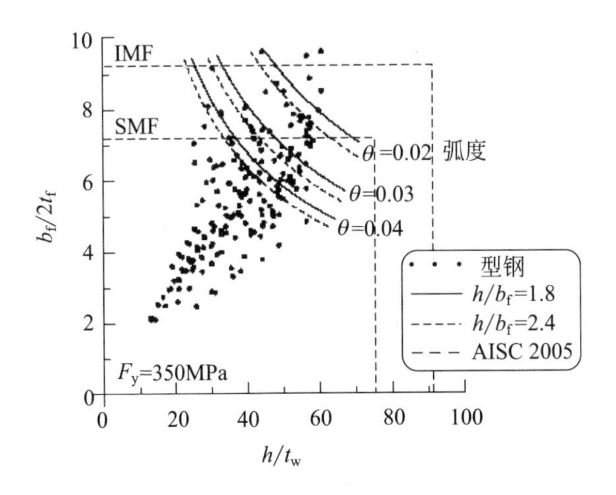

图 3 滞回转动能力限值曲线

比 h/t_w 的相关曲线。图中分别给出了 $\theta_u=\theta=0.02$、0.03、0.04 时的回归曲线及美标 AISC 的限值。实际应用时，美标将三个屈曲分别考虑，对于特殊抗弯框架（SMF）和中等抗弯框架（IMF）要求弹塑性位移角分别达到 0.04 和 0.02 时承载力不低于 0.8 M_p 。

对于局部屈曲，《17 钢标》采取限制翼缘和腹板截面板件宽厚比的方法提高抗局部屈曲能力。表 17.3.4-1 给出了框架延性等级与板件宽厚比的对应关系，如对于延性等级为Ⅱ级的框架，对应的板件宽厚比等级为 S2，由表 17.1.4-2 得到对于标准设防类塑性耗能区的性能等级为 6，由表 17.2.2-1 得到性能系数为 0.35，为中震的 1/3，即等同于抗规的小震设计地震力水平。此时可由表 3.5.1 得到梁的板件宽厚比。对于工字形截面，

Q235 钢，S2 级，翼缘 $b/t=11$，腹板 $h_0/t_w=72$。美标 AISC 360-16 表 D1.1 给出中等延性框架工字形截面梁翼缘的板件宽厚比 $\lambda_{md}=11\varepsilon_k$，腹板的为 $\lambda_{md}=71\varepsilon_k$，与《17 钢标》一致。

对于梁的侧向扭转屈曲（局部稳定），《17 钢标》17.3.4 条 2 款给出的三个控制条件，均为梁上翼缘有楼板的情况，此时 3）仅设置下翼缘侧向支撑即可。对于上翼缘无楼板情况，要在梁的跨中设置侧向支撑，以计算塑性情况下梁的整体稳定，它比第 6 章梁的整体稳定计算要严格一些，控制条件可参考《17 钢标》第 10 章 10.4.2 条公式（10.4.2-1）和公式（10.4.2-2）。比如在框架梁端部和跨中设置侧向支撑，跨中至端部的距离为 l_1，公式考虑了弯矩梯度 $M_1/\gamma_x W_x f$ 的因素，得到梁绕弱轴长细比 λ_y 的限值

$-1\leqslant M_1/\gamma_x W_x f\leqslant 0.5$：

$$\lambda_y\leqslant\left(60-40\frac{M_1}{\gamma_x W_x f}\right)\varepsilon_k \tag{1}$$

$0.5\leqslant M_1/\gamma_x W_x f\leqslant 1$：

$$\lambda_y\leqslant\left(45-10\frac{M_1}{\gamma_x W_x f}\right)\varepsilon_k \tag{2}$$

$$\lambda_y=\frac{l_1}{i_y} \tag{3}$$

对于纯弯情况，相当于 $M_1/\gamma_x W_x f=1$，此时

$$\lambda_y=\frac{l_1}{i_y}=35\varepsilon_k \tag{4}$$

陈绍蕃[2] 在《设计指南》给出了式（4）的推导过程，现简述如下。

塑性弯矩 M_p 下纯弯梁段，图 4（a），两端设有侧向支撑，间距为 l 。梁段失稳时受压翼缘侧向位移大，受拉翼缘侧向位移小，并有一定的扭转，见图 4（b）。失稳模型为图 4（c），腹板中央和受拉翼缘与腹板交界处形成塑性铰，受压部分只做平移，相当于将梁的侧向屈曲等同成受压 T 形截面绕竖轴的弯曲屈曲。T 形截面压力为 $Af_y/2$，则

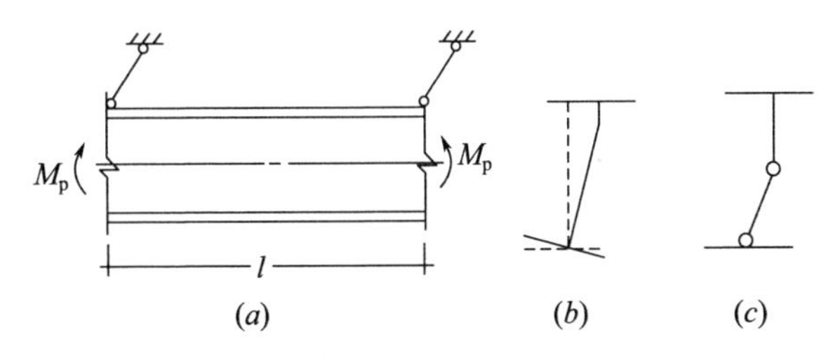

图 4　纯弯梁侧向屈曲

$$\frac{Af_y}{2}=\frac{\pi^2 \tau EI_y}{2l_0^2} \tag{5}$$

τ 在 E_{st}/E 与 1 之间，表示 T 形截面有的部分已进入硬化段，有的地方在屈服平台。τ 可表示为

$$\tau=\frac{1}{1+0.7R\dfrac{E}{E_{st}}\left(\dfrac{1}{\dfrac{\varepsilon_{st}}{\varepsilon_y}}-1\right)} \tag{6}$$

式中 R 为转动能力，可取 $R=0.8\left(\frac{\varepsilon_{st}}{\varepsilon_{y}}-1\right)$，则

$$\tau=\frac{1}{1+0.56\frac{E}{E_{st}}} \tag{7}$$

由式（5），梁段计算长度 l_0 为

$$l_0=\mu l=\pi i_y\sqrt{\frac{\tau E}{f_y}} \tag{8}$$

由式（7），式（8）

$$\frac{l}{i_y}=\frac{\pi}{\mu}\sqrt{\frac{E}{f_y}}\sqrt{\frac{1}{1+0.56\frac{E}{E_{st}}}} \tag{9}$$

计算长度系数 μ 与相邻梁段的受力情况密切相关。假设与此塑性纯弯段相邻的两梁段均处于弹性状态，μ 取 0.54，$E=206\text{kN/mm}^2$，$E_{st}=5.6\text{kN/mm}^2$，代入式（9）

$$\frac{l}{i_y}=37\varepsilon_k \tag{10}$$

可见，式（10）与式（4）一致。

为保证梁端受压翼缘实现足够的屈服转动能力，应在此处设置侧向支撑。该支撑比 7.5.1 条对于仅减小轴压杆计算长度的支撑要严格，其抗力按 0.06 受压翼缘的承载力计算，同偏心支撑消能段设置侧向支撑的要求（17.3.15 第 6 款）。

高强钢具有延性差、屈强比高的特点。低延性会降低梁端屈服后塑性铰的转动能力，高屈强比使得应变硬

化后应力较屈服点增加有限，同样会降低梁的塑性转动能力。为此，美标规定，梁的屈服强度 F_y 不能超过345MPa，屈强比限值为0.85，后者也是《17钢标》的规定。

(2) 梁柱节点域剪切屈服

梁端塑性机制还可以采用梁柱节点域剪切屈服的形式，见图1 (*b*)。

《17钢标》17.2.10条给出了梁柱刚性连接节点域的设计要求。

对于延性等级Ⅰ、Ⅱ级的框架，节点域应满足

$$\alpha_p \frac{M_{pb1}+M_{pb2}}{V_p} \leqslant \frac{4}{3} f_{yv} \tag{11}$$

此式为节点域的强度公式。对于工字形柱截面，公式左边 $\frac{M_{pb1}+M_{pb2}}{V_p}$ 为节点域的剪应力，右边 f_{yv} 为节点域的抗剪屈服强度。4/3为考虑节点域受约束等因素的抗剪屈服强度增大系数，因而 $\frac{M_{pb1}+M_{pb2}}{V_p}=\frac{4}{3}f_{yv}$ 表示节点域两端框架梁形成塑性铰屈服后节点域剪应力达到抗剪屈服强度，即节点域同时剪切屈服。α_p 对于中柱取0.85相当于 $0.85(M_{pb1}+M_{pb2})=(M_{yb1}+M_{yb2})$，$M_{pb}$ 为梁塑性弯矩能力，M_{yb} 为梁边缘屈服弯矩能力，则式(11)表示当梁截面边缘达到弯曲屈服应力时，节点域达到剪切屈服应力。

因此，对于延性等级为Ⅰ、Ⅱ级的框架（相当于美标的高延性 SMF 和中等延性 IMF 抗弯框架），《17钢标》允许节点域屈服，即可以采取节点域屈服的塑性屈服机制。此时，大震弹塑性时程计算应纳入节点域的剪切变形与剪应力的弹塑性关系模型进行结构的整体抗震计算。

式（11）为节点域的强度要求。为保证节点域的强度和塑性耗能能力，《17钢标》在表17.3.6给出了节点域的防屈曲要求。对于延性等级为Ⅰ、Ⅱ级的框架，节点域受剪正则化宽厚比限值 $\lambda_{n,s}=0.4$。当 $h_c/h_b \geqslant 1.0$，$\lambda_{n,s}$ 按《17钢标》式（12.3.3-1）计算

$$\lambda_{n,s}=\frac{h_b/t_w}{37\sqrt{5.34+4(h_b/h_c)^2}}\frac{1}{\varepsilon_k} \tag{12}$$

上式中令 $h_b/h_c=1$，$\lambda_{n,s}=0.4$，Q235钢，得到

$$t_w=\frac{h_b}{45}=\frac{h_b+h_c}{90} \tag{13}$$

美标 SMF 给出的节点域稳定条件为

$$t_w=\frac{h_b+h_c}{90}$$

可见，《17钢标》节点域的稳定条件与美标相同。

2 框架柱

强柱弱梁，应满足

$$\sum M_{pc}^{*} \geqslant \sum M_{pb,e} \tag{14}$$

式中：

M_{pc}^{*}—— 柱抗弯强度（考虑轴压力影响）；

$M_{pb,e}$—— 梁期望塑性弯矩，应考虑梁期望屈服强度和与塑性变形一致的应变硬化。

式（14）表示梁端屈服模式中，柱的塑性抗弯强度要高于梁的塑性抗弯期望强度。梁的塑性期望抗弯强度包括材料屈服强度的变化，相当于《17 钢标》表 17.2.2-3 的钢材超强系数 η_y，以及梁在塑性转动屈服过程中所能达到的应变硬化强度的提高，《17 钢标》以式（17.2.5-1）、式（17.2.5-2）表示强柱弱梁要求，式中 $1.1\eta_y f_{yb}$ 即为梁期望强度。

3 柱脚

强震下，框架结构的底层柱下端与基础相连，没有上部结构强柱弱梁的屈服机制，该处柱截面应进入屈服状态。此时按强连接弱杆件的抗震概念，要保证柱脚连接的承载力大于柱底截面的承载力。对于外露式刚接柱脚，《17 钢标》第 17.2.9 条给出式（17.2.9-5）的计算公式

$$M_{u,base}^{j} \geqslant \eta_j M_{pc} \tag{15}$$

式中：

M_{pc}—— 柱底截面考虑轴力作用的塑性弯矩能力；

$M_{u,base}^{j}$—— 柱脚连接的承载力，对于锚栓连接为锚栓受拉和混凝土受压组成的抗弯承载力。

由此可见，式（15）是基于强震下形成柱底截面塑性铰机制的柱脚计算公式。对于低烈度区，地震组合工况往往不是控制因素，柱底截面可能由非地震组合工况控制，比如风或者吊车，这时柱底截面尺寸由弹性设计确定，柱脚验算不必满足式（15）。

17.3.11 屈曲约束支撑

本节内容参考了《金属结构稳定》[5]。

屈曲约束支撑（BRB）结构，图1，通过拉压杆屈服提供耗能。

图2摘自（《金属结构稳定》[5]）BRB由内部钢板提供耗能，外部钢管提供对内部钢棒的防屈曲约束。

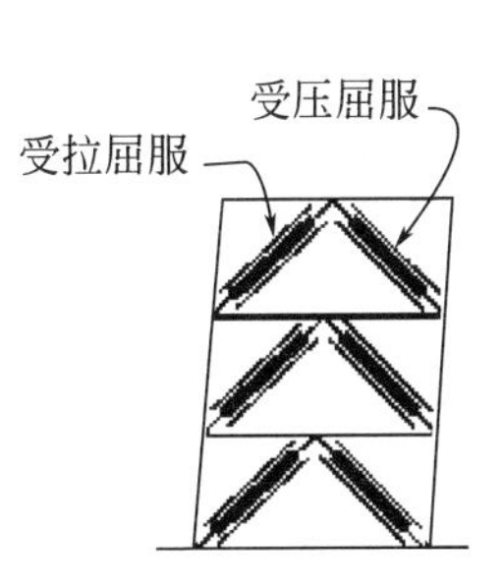

图1 BRB结构

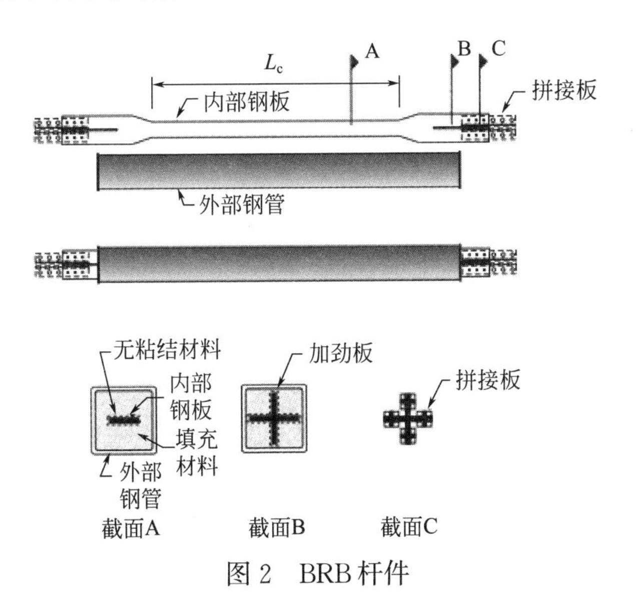

图2 BRB杆件

图 3（a）为 BRB 滞回曲线。内部钢板的屈服荷载为 $P_{yc}=A_cF_{yc}$，峰值拉力为 $T_{max}=\omega P_{yc}$，$\omega=1.2\sim1.4$ 为应变硬化系数，峰值压力为 $C_{max}=\beta\omega P_{yc}$，$\beta=1.05\sim1.2$ 为内核与外管之间的摩擦力。

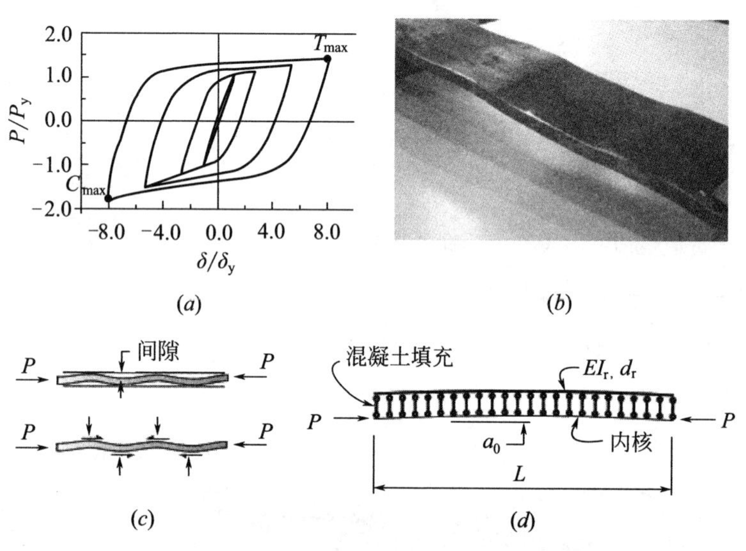

图 3　BRB 滞回曲线（摘自《金属结构稳定》[5]）

（a）滞回曲线；（b）滞回试验后内核局部屈曲；

（c）内核局部屈曲；（d）总体屈曲

图 3（b）为试验后内板的情况，对比图 3（c），可见由于外管的约束作用，内板呈现局部屈曲，并有摩擦痕迹。

图 3（d）为 BRB 整体屈曲示意。可将内板看成外管上的弹性地基梁，填充材料单位长度的最小刚度 γ_{min}

应满足 $P_{cr}=2\sqrt{\gamma_{min}E_{t}I_{c}}$ ，以使得屈曲时内核的屈曲荷载 P_{cr} 能传递到外管。这里 E_{t} 为内板屈曲后的应变硬化模量 $E_{t}=0.02E$ ，I_{c} 为内板在屈曲方向的惯性矩。

外管的稳定承载力为

$$P_{er}=\frac{\pi^{2}EI_{r}}{L^{2}} \tag{1}$$

式中 I_{r} 为外管的惯性矩。要保证内核（内部钢板）达到屈服承载力，外管的稳定承载力 P_{er} 应大于 C_{max} 。

$$\frac{P_{er}}{P_{yc}}\geqslant\beta\omega \tag{2}$$

式（2），令 $\omega=1.2$，$\beta=1.1$，则 $P_{er}/P_{yc}=1.32$。

考虑初挠度 a_{0} 的影响，从外管弯曲应力角度考虑，边缘处最大应力为

$$\sigma_{br}=M_{r}\frac{d_{r}}{2I_{r}} \tag{3a}$$

$$M_{r}=\frac{C_{max}a_{0}}{1-C_{max}/P_{er}} \tag{3b}$$

将 $C_{max}=\beta\omega P_{yc}$ 代入式（3），得到

$$\frac{P_{er}}{P_{yc}}\geqslant\beta\omega\left[1+\frac{\pi^{2}E}{2\sigma_{br}}\left(\frac{a_{0}}{L}\right)\left(\frac{d_{r}}{L}\right)\right] \tag{4}$$

上式中

$$\sigma_{br}=F_{yr}[\phi-\omega(\beta-1)P_{yc}/P_{yr}] \tag{5}$$

式（5）中，P_{yr} 为外管的屈服荷载，中括号中第二项为摩擦作用的附加轴向应力。令 $F_{yr}=300\text{MPa}$ ，$\phi=$

0.9，$\omega=1.2$，$\beta=1.1$，$a_0/L=0.001$，$d_r/L=0.03$，$P_{yc}/P_{yr}=0.75$，得到 $\sigma_{br}=0.81F_{yr}$，$P_{er}/P_{yc}=1.48$。

综上，可建议 P_{er}/P_{yc} 最小值取1.5。

17.3.12 中心支撑框架

本节内容参考了《金属结构稳定》[5]。

中心支撑框架（图 1）压杆屈曲后，会在杆中间位置形成压弯塑性铰。拉杆屈服提供耗能。

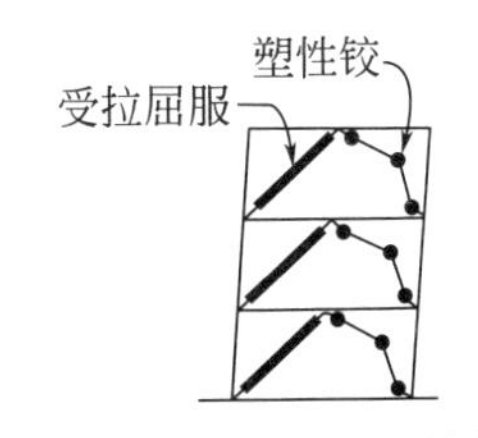

图 1 （摘自《金属结构稳定》[5]）中心支撑框架

1 整体稳定

中心支撑框架通过拉杆屈服和压杆非弹性屈曲耗能(图 2)。在较小层间位移角小，约 1/400～1/200，支撑屈曲，此时压杆的塑性铰在其中间和端部位置。最大塑性转角发生在压杆中间位置，随着塑性发展此处会发生局部屈曲进而造成支撑破坏。因此压杆的整体失稳和局部屈曲是中心支撑抗震设计的关键。

图 2（a）、图 2（b）为单斜杆支撑受力及滞回曲线图。支撑首先受压在荷载 C_{U} 屈曲，进一步加大反向变形、支撑将在中间部位形成塑性铰，此时支撑为一压弯构件，具有一定的挠度，为维持变形下的平衡需降低承载力。正向加载，支撑被拉直达到屈服强度 $P_{\mathrm{y}}=AF_{\mathrm{y}}$。再反向加载支撑能够达到的受压承载力只有$C_{\mathrm{U}}'$，它小

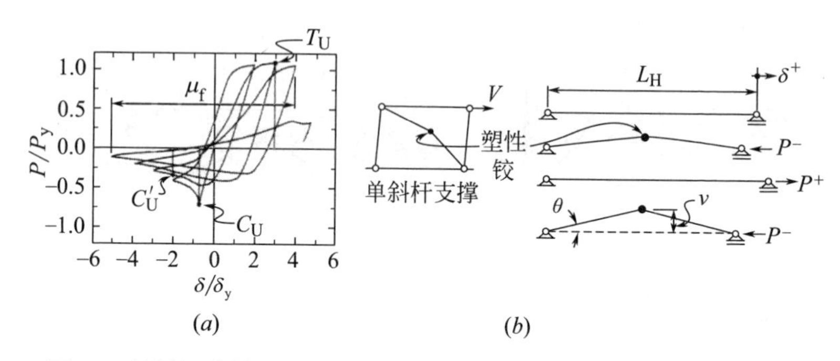

图 2 单斜杆支撑受力及滞回曲线图（摘自《金属结构稳定[5]》）

（a）支撑滞回曲线；（b）单斜杆支撑受拉屈服、受压非弹性屈曲

于前面的 C_U，这是由于包辛格效应和前面受压残余变形的结果，另外受拉时支撑变长也会使其受压承载力减小。再次正向加载，支撑受拉，由于应变硬化会达到一个大于 P_y 的承载力 T_U。

因此，对于中心支撑的大震弹塑性时程计算，要考虑图 2（a）的滞回模型。受拉区考虑杆件的屈服和应变硬化，最大拉力为 T_U。受压区考虑杆件的初次屈曲承载力 C_U（通常大于轴压屈曲临界承载力）和数次滞回后的稳定承载力 C'_U。此时可取卸载系数为 0.3，因而 C'_U 的取值为轴压杆的屈曲承载力乘以 0.3。

图 3（a）、（b）交叉支撑，拉压杆在交点连接，拉杆为压杆提供面内和面外的支撑，此时压杆有效长度系数为 0.5。加载后压杆呈面外失稳并在某个半根杆的中点出现塑性铰。

图 4 列出支撑长细比对滞回耗能的影响。随着长细

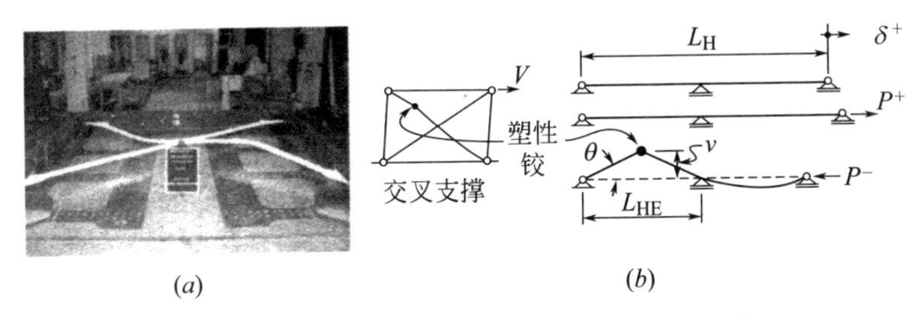

图 3 交叉支撑受拉屈服、受压非弹性屈曲

（摘自《金属结构稳定》[5]）

（*a*）图片；（*b*）示意图

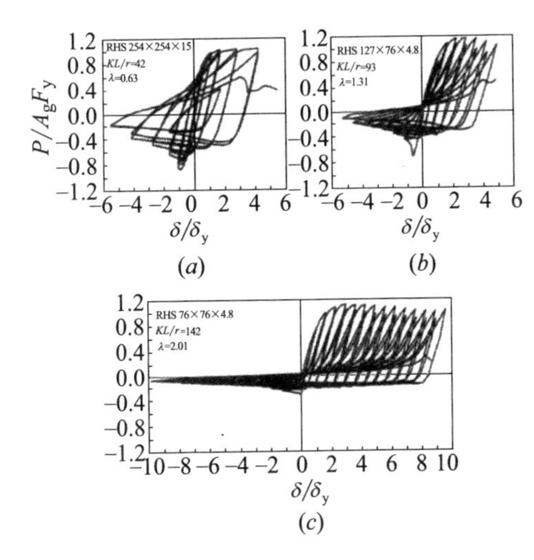

图 4 （摘自《金属结构稳定》[5]）长细比对滞回反应的影响

（*a*）小长细比；（*b*）中等长细比；（*c*）大长细比

比的增加，压杆的承载力和耗能能力减小但变形能力加大。美标长细比限值 KL/r 为 200。

《17 钢标》将中心支撑按长细比分为三类，按结构类型和支撑类型不同分别对应不同的延性等级，并分别以相应的板件宽厚比等级保证其局部屈曲晚于整体屈曲，见表 17.3.12。长细比 $\lambda \leqslant 33\varepsilon_k$ 的为第一类，延性最好，其滞回曲线接近于图 4（a），压区表现出较好的滞回耗能能力。长细比 $33\varepsilon_k < \lambda \leqslant 65\varepsilon_k$ 和 $130 < \lambda \leqslant 180$ 的为第二类，延性次之，前者滞回曲线类似于图 4（a），压区具有一定的滞回耗能能力；后者滞回曲线如图 4（c），压区可按退出工作考虑，即可不考虑其滞回耗能。长细比 $65\varepsilon_k < \lambda \leqslant 130$ 的为第三类，其滞回曲线见图 4（b），压区延性差，且滞回不稳定。

图 5 为单斜杆中心支撑与梁柱连接节点构造。图 5（a）的连接为在支撑端部留出 $2t_g$，此时支撑在面外屈曲时此处形成塑性铰，支撑面外计算长度可取 $KL = L_H$。同理也可以采用图 5（b）的方法，此时为 $8t_g$。图 5（c）的支撑面内计算长度为 $0.5L_H$，在临近节点板处支撑形成塑性铰。可以采用图 5（d）的刀板形式，这时面内计算长度为 $0.9L_H$。

2 局部屈曲

图 6 方管截面支撑。图 6（a）杆件受压后凹面局部屈曲，使压杆挠度增大，凸区受拉破坏进一步降低压杆承载力。影响局部屈曲及破坏的重要因素是板件宽厚比和支撑长细比。图 6（b）表示杆件拉、压延性之和 μ_f 与杆件正则化长细比 λ 和板件宽厚比的关系，厚实截

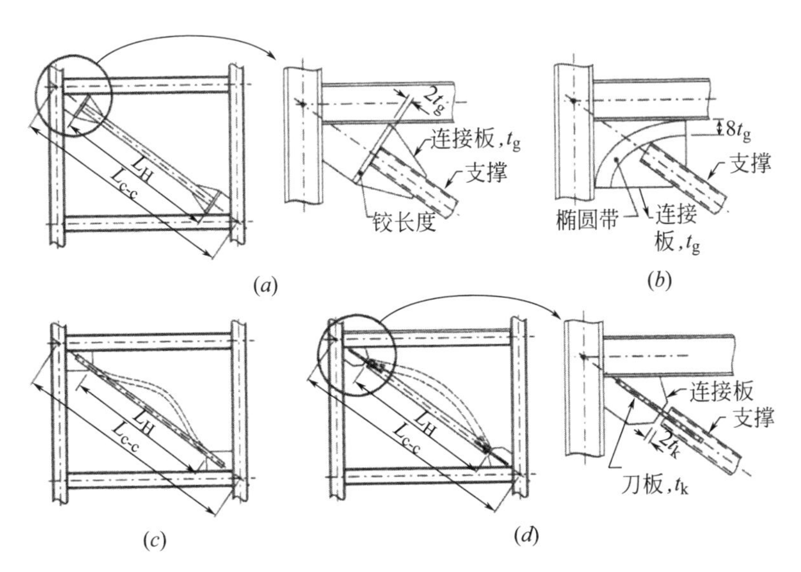

图 5 （摘自《金属结构稳定》[5]）单斜杆支撑梁柱连接节点

（a）面外屈曲支撑节点板构造；（b）面外屈曲支撑椭圆形间隙构造；（c）固端支撑面内屈曲；（d）面内屈曲支撑刀板铰构造。

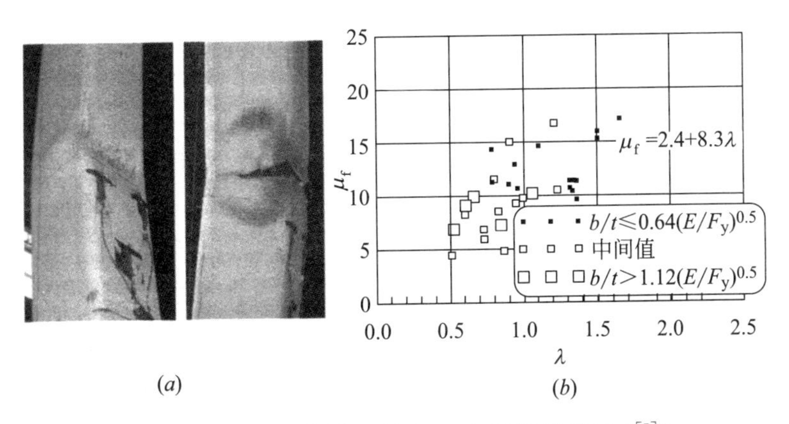

图 6 方管截面支撑（摘自《金属结构稳定》[5]）

（a）方管支撑；（b）μ_f-λ 曲线

面、大长细比的支撑延性高。

《17钢标》通过限制支撑截面的板件宽厚比达到控制局部屈曲的目的，见第3.5.2条表3.5.2。

17.3.15 偏心支撑框架

本节内容参考了《金属结构稳定》[5]。

偏心支撑框架，连梁通过弯曲屈服或剪切屈服提供耗能（图 1）。

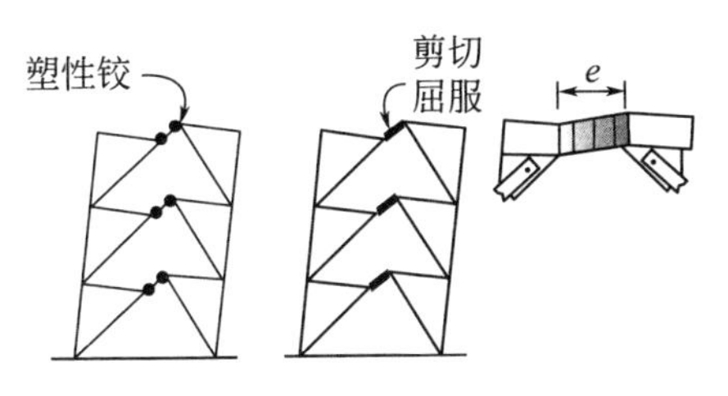

图 1 （摘自《金属结构稳定》[5]）偏心支撑框架

图 2，偏心支撑采用单斜杆支撑于距柱边距离 e 的梁上，或 V 形撑支撑在梁跨间留有 e 的距离，从而形成一个连梁（link）段。距离 e 由连梁的抗弯能力 M_p 与抗剪能力 V_p 的比值确定，可形成剪切型、弯剪型和弯曲型耗能梁段。

图 2（a），连梁的耗能能力用其塑性转角 γ_p 表示，$\gamma_p=\theta_p L/e$ 。下面以 V 形偏心支撑为例，讨论偏心支撑的受力机理。

图 2（b），对于对称布置的 V 形撑，连梁段端部剪

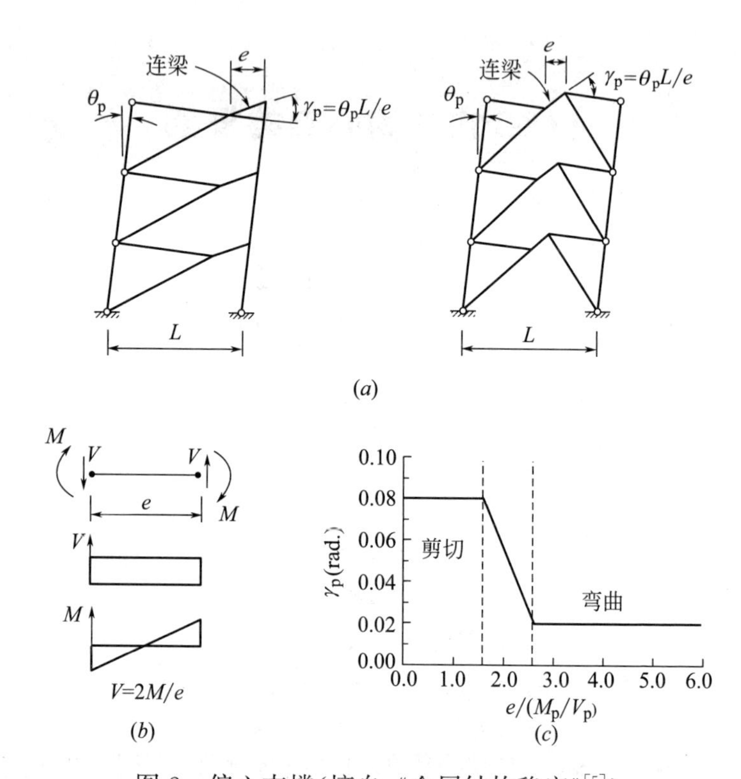

图 2　偏心支撑(摘自《金属结构稳定》[5])

(a) 偏心支撑非线性反应；(b) 对称 V 形偏心支撑剪力和弯矩；(c) 连梁塑性转动能力

力与弯矩的关系为 $V=2M/e$，即

$$e=\frac{2M}{V} \tag{1}$$

同时达到弯矩和剪力塑性能力时的连梁长度 e 为

$$e=2M_p/V_p \tag{2}$$

考虑大变形应变硬化，弯矩提高 1.2 倍，剪力提高

1.5 倍，则

$$e=\frac{2(1.2M_{\mathrm{p}})}{1.5V_{\mathrm{p}}}=1.6M_{\mathrm{p}}/V_{\mathrm{p}} \tag{3}$$

图 2（c），长度 e 小于 $1.6\,M_{\mathrm{p}}/V_{\mathrm{p}}$，连梁以剪切耗能为主，对塑性转角 γ_{p} 需求大，因而对腹板局部屈曲要求严；长度 e 大于 $2.6\,M_{\mathrm{p}}/V_{\mathrm{p}}$，连梁以弯曲耗能为主，对塑性转角 γ_{p} 需求小，对端部翼缘局部屈曲要求严。该条第 4 款给出了为防止连梁腹板或翼缘屈曲加劲肋的布置要求和间距，翼缘防屈曲还要求板件宽厚比 $b_{\mathrm{f}}/2t_{\mathrm{f}}$ 满足 S1 截面的要求，不大于 $9\sqrt{235/F_{\mathrm{y}}}$。

在水平地震作用下，连梁中会出现压力。压力的存在会降低连梁的抗剪和抗弯能力。因此，《17 钢标》规定，结构构件延性等级为Ⅰ级时，当连梁轴压比 $\frac{P}{Af_{\mathrm{y}}}$ 超过 0.15 时，应将连梁设计成剪切型，并考虑压力的影响。

当 $\frac{P/A}{V/A_{\mathrm{w}}}\leqslant 0.3$

$$e=\frac{1.6M_{\mathrm{p}}}{V_{\mathrm{p}}} \tag{4}$$

当 $\frac{P/A}{V/A_{\mathrm{w}}}>0.3$

$$e=\frac{1.6M_{\mathrm{p}}}{V_{\mathrm{p}}\left[1.15-0.5\frac{P/A}{V/A_{\mathrm{w}}}\right]} \tag{5}$$

式中：

A——连梁截面面积；

A_{w}——腹板面积。

式（4）、式（5）即为《17 钢标》式（17.3.15-1）和（17.3.15-2）。

在本条第 6 款，《17 钢标》规定，连梁端部上下翼缘分别按 6%的单翼缘承载力设置侧向支撑，以保证连梁的塑性屈服耗能能力。

18.1.1、18.2.1 防火、防腐

防火和防腐是钢结构防护的两项重要内容。目前常用的防火和防腐方法是涂层防护。防腐涂料通常由底漆、中间漆和面漆组成，底漆要与钢材表面形成很好的结合作用，中间漆要求具有良好的密实性以起到防护作用，面漆起到表面的保护作用。防火涂料分薄涂型和厚涂型，薄涂型遇热膨胀起到防火作用，厚涂型靠一定厚度的隔热材料防火。钢材防腐和防火的设计一般根据其使用要求分别进行。如果同时使用，要考虑防火涂料与防腐涂料的相容性，另也不必涂防腐面漆。

集防火和防腐一体的材料已在工程中得到应用。关于防火和防腐的性能化设计方法也逐步在工程中得以应用。《建筑钢结构防火技术规范》GB 51249—2017 即是我国最新发布的钢结构性能化防火设计规范。笔者 2018 年 10 月曾在东京学习和考察日本钢结构，现场查看了东京及周边在建的高层钢结构公建项目，高度 100～200m，并与日本设计师就钢结构防腐和防火问题进行了交流。以下是我了解的一些情况，可供大家参考。

(1) 日本的钢结构防火采用性能化设计方法，所以从现场可以看到，一些钢构件有防火涂料，一些则

没有。

（2）室内干燥环境（如湿度不大于70%），不需要防腐。

（3）用于抗震的支撑，不需要防火，即地震时支撑不需要防火。

（4）同理，隔震支座不需要防火。

（5）做了防火可不做防腐。

参考文献

[1] 魏明钟.单层厂房钢结构温度应力和温度区段长度的探讨.重庆建筑工程学院科技情报科.1983，6.

[2] 陈绍蕃.钢结构稳定设计指南.北京：中国建筑工业出版社，2013年7月三版四次印刷.

[3] 陈绍蕃.钢桁架的次应力和极限状态[J].钢结构，2017，(4).

[4] Steel Design Guide 28（AISC 2013）：Stability Design of Steel Buildings.

[5] 金属结构稳定.Guide to Stability Design Criteria for Metal Structures，Ronald D. Ziemian，6th edition，2010：

[6] F.柏拉希.同济大学钢木结构教研室译.金属结构的屈曲强度.1965年4月1版1印.

[7] M. G. Salvadori，"Lateral Buckling of Eccentrically Loaded I-Columns"，《Trans. ASCE》，Vol. 121，1956.

[8] 王立军.轴心压杆的弯曲屈曲.建筑结构，2019，10.

[9] 李开禧，肖允徽.逆算单元长度法计算单轴失稳时钢压杆的临界力.重庆建筑工程学院报.1982，(4).

[10] 李开禧，肖允徽.钢压杆的柱子曲线.重庆建筑工程学院报.1985，(1).

[11] 钟善桐.钢结构稳定设计.北京：中国建筑工业出版社，1991年11月一版一次印刷.

后记

钢结构设计，难点浩如烟海。就拿钢结构稳定来说，每次讲起总感觉自己处于不稳定之中，所知只是沧海一粟。故虽《17钢标》发布两年有余，仍不能动笔析之。承蒙赵梦梅女士再三邀约，盛情难却，恰逢新冠大疫之时蜗居于家，集中精力将学习心得汇集于此，也算是为抗疫出一己之力。

在此还要特别感谢《美钢规》稳定部分负责人 Ronald D. Ziemian 先生。本文的 17.3.4、17.3.11、17.3.12、17.3.15 和 5.1.6（2）等节引用了 Ziemian 先生的研究成果并得到了他的首肯和支持，在此深表谢意！

于征博士为本书绘制了插图，在此表示感谢！

再次祝大家身心愉快！

王立军

2020.02.20